JN077470

KYOTO
UNIVERSITY
PRESS

学術選書

091

木村 光

発酵学の革命

マイヤーホッフと酒の旅

京都大学
学術出版会

口絵1 ●オットー・マイヤーホッフ

口絵2●マイヤーホッフと長男ジェフェリー

口絵3●マイヤーホッフと夫人のメイ

口絵4 ● 1949年夏．ウズホールに集った生化学界の先駆者達．左から，コーレイ，ナハマンソーン，バーク，セントジョルジ，ワールブルグ，マイヤーホッフ，ノイベルグ，ウォルド．

目　次

第 I 部　マイヤーホッフをめぐる旅

第 I 章

アルコール発酵解明の歴史

第 II 章

オットー・マイヤーホッフの時代

第V章

マイヤーホッフの同時代人

第Ⅵ章

筆者らの微生物研究　127

第II部　旅の記憶——世界の酒・食・文化に触れる

発酵学の革命
—マイヤーホッフと酒の旅—

はじめに
マイヤーホッフをご存知ですか？

「アルコール発酵の研究は生命科学研究の始まり」——と私たち研究者の間では考えられている．

アルコール発酵は先史時代から人類が利用してきた自然現象である．エジプトの壁画を見ても人々が，酒やパンを作る状況が描かれている．

人々はブドウの搾り汁を放置しておくと泡が盛んに放出され，液は沸騰した様になり葡萄酒（ワイン）が仕上がってくる事を知っていた．ところがその原因は不明なまま，本体は沸騰（沸き立つもの）を意味する Ferment（発酵するものの意）と呼ばれていた．

ワインやビール，そして日本酒などのアルコール飲料は，それぞれの民族の文化の一つとして古代から事ある毎に飲まれてきたが，これらのアルコール飲料がどうして造られるかという事は19世紀の半ばまで全く分かっていなかった．ワインがブドウから作られ，ビールは大麦から，日本酒（清酒）がコメから作られる事は分かっていたが，それらの原料がどの様な経過を経て，貴重なワインやビール，そして日本酒（清酒）になるのかという過程が分からなかったのである．

そのため 1800 年にフランス学士院は，重量 1 kg ある金のメダルを賞として懸賞課題「動植物性諸性質の中で酵母として作用する物質と，それによって発酵を受ける物質とが区別される特徴は

何か（ブドウの搾り汁がどうして，アルコールと炭酸ガスになるか）」を公募した．この懸賞に刺激されて，発酵に関する研究が盛んになり，科学者による発酵の原因に関する論文が相次いで発表されるようになった．

19世紀の半ばになって，三人の生物学の巨人が現れた．パスツール（1822-95），メンデル（1822-84），それにダーウィーン（1809-82）である．

パスツールは言った．「発酵は生命と相関する現象」である．これに対してリービッヒ（1803-73）らは，それは単なる触媒作用による化学反応であるとした．

パスツールが亡くなって2年後，1897年にブフナー（1860-1917）によって，酵母菌の細胞を磨り潰して抽出した無細胞抽出液によってもアルコール発酵が起こる事が判明し，彼はそれを「チマーゼ」と命名した．しかし，それは単一の酵素ではなく，20種類もの酵素を含む酵素群である事が，ポーランドのA.ウロブルウスキーによって証明された（1901）．

20世紀に入って，それらの酵素群の解析研究が行われ，基質のブドウ糖（＝グルコース）がリン酸化されて代謝されていくことが明らかになった．1930年代になって，エムデンとマイヤーホッフらがその全体像を解明し，これが我々人間（ヒト）をはじめとする高等動物の筋肉細胞がやっているエネルギー獲得手段と同じである事が明らかになった．この二人の功績によって，その過程は「エムデン—マイヤーホッフ経路」と呼ばれる様になった．

特にマイヤーホッフはカント派の哲学者としての視点から，酵母菌がアルコールを造るのは，我々動物の筋肉がグリコーゲンか

らエネルギーを得るのと同様の生物的な意義を持つ事を明らかにした．換言すれば酵母菌は我々人間にアルコールを提供するために活動しているのではなく，彼ら自身が生きていくためにアルコールを造っているのであって，我々はそれを有難く横取りしている事を明らかにした．こうして，それまで知られていなかった微生物の働きが注目されるようになってきたのである．

　一般に我々が知っている微生物としては酵母菌と大腸菌があるが，前者は我々人間と同様な高等細胞（真核細胞）であり，後者は下等な原核細胞あるいは前核細胞と呼ばれるものである．両者の違いは大切な遺伝物質（核酸 DNA）が細胞内で核膜に覆われて保護されているかそのまま細胞内に広がっているかの差である．その他，前者はミトコンドリアという呼吸器官がよく発達しているとか，更にそれが酸素ガスの有無（呼吸）で，エネルギー獲得の効率化が図られているなどの進化の効率化が伴っている．

　その後，大腸菌や酵母を中心とする微生物の研究によって，遺伝子の構造が決定され，遺伝子情報が解読され，細胞の持つあらゆる調節機能が解明されてきた．今も分子レベルにおける細胞の制御機構の解明研究が行われている．それと関連して，植物細胞，動物細胞の遺伝子解析も進められ，我々ヒトを含む地球上のあらゆる生物が共通の遺伝子暗号を使って親の遺伝子情報を子孫に伝えて生存している事も明らかになった．すなわち，生物の遺伝や進化の研究までが全て微生物研究に基づいて行われて来たということになる．最近の事例では，新人類のネアンデルタール人が私たち人類に非常に近いことが遺伝子の研究から分かってきた．

　これが，筆者が冒頭に掲げた「アルコール発酵の研究は生命科

学研究の始まり」になった，という意味である．

1828 年に発酵式として，

$$C_6H_{12}O_6 \quad = \quad 2\,C_2H_6O \quad + \quad 2\,CO_2$$
（ブドウ糖）　　（アルコール）　　（炭酸ガス）

が提出されたが，発酵の真相の解明はなかなか進まなかった．その理由は，肉眼では見えない微生物（酵母菌）が関与していたからである．

地球上にはいろいろなアルコール飲料があるが，これらの酒類に共通するものは，それらの原料に含まれる糖類（ブドウ糖＝グルコース）が微生物の作用によってアルコール飲料になるということである．ブドウはそのものずばりのブドウ糖を含んでいるが，大麦もコメもデンプン粒（澱粉粒）としてブドウ糖を含んでいるので，大麦澱粉は麦芽の酵素（アミラーゼ＝澱粉分解酵素）によってブドウ糖になり，コメ澱粉は麹カビの酵素（アミラーゼ）によってブドウ糖になるのである．そうしてできたブドウ糖が酵母によってアルコール飲料に変換されるのである．アルコール発酵の歴史を学ぶ中で，筆者は，その中心機構が先述のとおり「エムデン―マイヤーホッフ経路」と呼ばれるもので，この経路によって糖類がアルコールと炭酸ガスに変換される事を知った．その生成機構を明らかにしたのが**オットー・マイヤーホッフ**（Otto Fritz Meyerhof, 1884-1951）（**写真 1**）である．

筆者がマイヤーホッフに興味を持った理由はいくつかあるが，まず彼がカント派の哲学者だった事である．筆者は自然科学を学

ぶものは，哲学的な思考を持つことが重要であると考えていた．欧米では学生にギリシャ哲学以来の思考の流れを必ず教育するといわれている．それに対して日本では，開国以来，欧米の技術を学ぶことに重点が置かれ，思想的な面はほとんど教育されてこなかった．それは諸先輩の論文の読み方にも表れていて，まず，"Method and Material"を読むことが最重要だと言われ，それに対して"Introduction"

写真1 ●オットー・マイヤーホッフ

とか"Discussion"は二の次にされてきた．確かに実験を始めるにはまず技術的な事を知る必要があるが，その研究がどの様な背景で，どのような考えで行われているのかという理屈が大切なのである．それなくしては独創的な研究の発展は出来ないからである．

　マイヤーホッフは酵母によるアルコール発酵のメカニズム（機構）が，哺乳動物の筋肉内でグリコーゲンから乳酸が作られるメカニズムと類似の代謝過程であることを見抜いた．これは「**生物学の斉一性**」といわれるもので，生物間に共通のメカニズムがあることを示したものである．彼は生物の代謝過程が熱力学を基礎とした，化学反応によって営まれる事を確信し，それまでの生気

論（生命は特別な存在であるとする見解）を退けた．この発見には彼が影響を受けたカントの先験的観念論が根底にあると思われる．つまり，発酵のメカニズムと動物の筋肉の代謝過程の類似を見抜いたのは，そうした先験的な直観が働いたと思われる．さらに，彼は自然科学的な方法では解析できない意思，感情などの心理的な問題があることも知っていた．

　次いで筆者がマイヤーホッフに興味を持った第二の理由が，ユダヤ人の独創性という観点である．かつて，「世界は三人のユダヤ人によって，支配されている」といわれた．**アインシュタイン**（1879-1955，物理学），**フロイド**（1856-1939，心理学），それに**マルクス**（1818-1883，哲学，経済学）である．特に，ワイマール共和国時代（1919-1933）のドイツでの人口比は，ユダヤ人は，1％であったが，ノーベル賞受賞率では 25％を占めていた．当時，筆者は「何が独創性を育むか」という問題に興味を持っていたので，ユダヤ人の独創性教育に関心があった．長年，流浪の異教徒として不安定な生活を強いられてきたユダヤ人にとって経済的に独立すること即ち金を握ることと高い教養を身につけることがどこへ移住しても生活の安定を得る基本条件であった．従って，彼らは高等教育機関が集中する都市で子弟の教育に投資した．子供達は小さい時からタルムード（ユダヤ教の解説書）を学習する習慣があった．一方，ユダヤ人は昔から小売の露天商などになることを余儀なくされていたので，じっと座って，物事を深く考え抜く習慣を身に着けてきたと思われている．

　ユダヤ人はフランス革命（1789 年）によってはじめて民族として自由が与えられ，活躍の場を持てるようになった．彼らは都市

の民で，商業，金融業，貿易業などに従事していたので，数学，法学，語学の知識が必要とされた．彼らは常に最新の情報を集め，政治経済の動きに敏感に反応した．職業としては医者と弁護士が多く，1913年のフランクフルトの例では，医者の36%，弁護士の62.5%がユダヤ人だったといわれる．中にはロスチャイルドの様にフランクフルトのゲットーから身を起こし，銀行業で成功して，世界的な大富豪になった一族もいるが，多くは個人の学識や実力を基本として，大学教授や弁護士，それに研究者の職につく者がだんだん増えた．彼らは解放と共にドイツ社会に同化し，一人前のドイツ人として認められたいという願望のもとに物凄い努力をした．それは「欧米に追いつけ，追い越せ」と頑張った日本人の勤勉さにも通ずるものがある．ユダヤ人が"We are both J"（Jewish and Japanese）というのも故無きにしも非ずである．

　こうした長期間のユダヤ人の努力の結果，広範囲の分野でユダヤ人エリートが生み出された．ワイマール共和国時代はその爛熟期であった．それは先に示したノーベル賞の独占にも表れている．しかし，そのこと自体が，アーリア系ドイツ人の嫉妬と不安を醸し出し，それがナチスの台頭と反ユダヤ主義（アンチセミティズム＝anti-Semitism）の拡大をもたらした．もちろん，政治的には第一次大戦後の膨大な賠償金とワイマール体制に対するドイツ国民の不満，経済的にはニューヨークに端を発する世界的な恐慌が根本にあったことはいうまでもないが，それらの社会不安をうまく利用したヒトラーが独裁制を確立していった．

　マイヤーホッフがドイツ系ユダヤ人でヒトラー政権下のドイツで発酵の研究をつづけた事，1938年になって命からがらドイツ

を抜け出しパリ（フランス）に亡命した事，などを知る人は少ない．

　アルコール発酵の過程の解明に偉大な業績を残したオットー・マイヤーホッフだが，世界中で酒を飲む人はごまんといるのに彼の名前を知らない人が多い．私自身，酒を愛する一人であることから，この状況を以前から残念に思っていた．日々口にする酒が微生物の生み出すものであり，なおかつそれが生命科学研究の始まりといえる．そしてその生成の秘密を明かした偉大なる人物が，マイヤーホッフである．酒と食を愛する同好の士にそのことを伝え，おおいに酒の肴にしてもらいたい……本書を著す動機の中心はここにある．酒を愛する多くの人々には是非とも知ってもらいたいというのが筆者の思いで，ここにそれらの真相を明らかにする次第である．以下，本書の構成を紹介しよう．

　まず第Ⅰ部の第Ⅰ章「アルコール発酵解明の歴史」では，古くからのアルコール発酵研究史を扱う．続く第Ⅱ章「オットー・マイヤーホッフの時代」においては，本書の主人公であるマイヤーホッフの人生を追い，第Ⅲ章「発酵研究史とマイヤーホッフ」で彼がいかに研究史にインパクトをもたらしたかを示そう．第Ⅳ章「マイヤーホッフをめぐる旅」は，筆者が大きな影響を受けたマイヤーホッフその人の事績を訪ねた旅の記録である．歴史の人となってしまったマイヤーホッフを，その家族（彼には二男一女がいた）や弟子たちからの聞き取りによって立体的に蘇らせ，彼の発想の原点に迫ろうという試みだ．第Ⅴ章「マイヤーホッフの同時代人」では，彼と親交のあった（あるいはライバル関係にあった）人物群を紹介し，戦争で混乱する時代にも営々と培われた研究史

を人物から照射したい．最後に第Ⅵ章「筆者らの微生物研究」において，最近の研究動向を紹介して，さらに深いアルコール発酵の世界に皆さんを導きたい．

　第Ⅱ部は大きく趣向を変えて，酒と文化について筆者が経験してきた旅の記録をまとめた．国際学会などに出席の折は，筆者は極力街に出て，多くの文物を見，多くの食文化に触れてきた．酒を知ることは文化を知ることである．最近はどうにも研究室に閉じこもる傾向が強いようだが，一研究者がどのように世界を旅し世界を見たのか，個人の旅日記的記述ではあるが，それを残すことも後世の参考になるのではと思っている．

　本書では以下，難解な化学理論や化学式も伴う箇所もあるが，できるだけ多くの読者に楽しんでいただけるよう平易な記述を心掛けた．マイヤーホッフをめぐる旅に，ぜひ多くの読者にご同行願いたい．

第 I 部　マイヤーホッフをめぐる旅

　筆者がマイヤーホッフの事を調べ始めたのは 1977 ～ 80 年頃であった．直ちに関係者に会って取材したいと考えたのは，殆どの関係者は既に高齢者であったからである．関係者はユダヤ人で，ヒトラーナチスに追われ，アメリカに移住した人が多かった．

　アメリカ大陸は広く西海岸のサンフランシスコやカルフォルニアと東海岸の DC やニューヨークでは時差で分割されていた．DC にある NIH の研究所に居た頃，午後になって電話をしている同僚のカルパー博士が「おはよう（good morning）」といっているので，「今頃になってもグッドモーニング」といってもいいのかと聞いたところ先方は朝だという事だった．

　他方，当時 1 ドルが 360 円で，日本人には何度も海外に出る事は殆んど不可能だった．そんな状況の下で，若手の研究者が海外に出るための奨励金の募集がいくつかあった．幸い筆者はそのいくつかに援助してもらう事が出来たので，それを利用して，学会の前後に取材を重ねた．ただその際に有名な先生方に手紙を出して，アポイントを取って旅のスケジュールを調整するのが大変だった．

第 I 章 | *Chapter I*

アルコール発酵解明の歴史

　人間が自然の摂理に迫る科学の歴史をみる場合，まず，コペルニクス（1473-1543），ガリレオ（1564-1642），ニュートン（1642-1727）といった物理学者によるものが初めにくる．次いで，ラボアジェ（1743-94），ベルセリウス（1779-1848），フリードリッヒ・ヴェーラー（1800-82）らの系列とゲイ・リュサック（1778-1850），リービッヒ（1803-73）の化学者の系列が続く．

　発酵，特にアルコール発酵は，アルコール性飲料やパンの生産に先史以来，人類が利用してきた自然現象である．それはガス状の泡が噴出してきてあたかも液が沸騰しているように見えるところから沸騰を意味する発酵(Fermentation)と呼ばれてきた．その際，生成する気体は炭酸ガス（CO_2）である事に気付いたのは，ファン・ヘルモント（1579-1644）で，ガスと共に生成してくるアルコールの変化のプロセスは，化学者ゲオルク・エルンスト・シュタール（1659-1734）の「発酵学説」（1697）によるといわれる．これは物質の「内的運動の伝達」として，150 年後（19 世紀）のリービッヒのドグマに引き継がれたといわれる．シュタールは「無機物から有機物を合成できるのは生物のみであり，それは体内の生気が必要であるからだ」と提唱した．

これは「**生気論**」といわれ，生物は特別の存在で，他と違うものであると考えられていた．このシュタールの説に対して，**1828年**フィリードリッヒ・ヴェーラーが尿素を合成した事をはじめとして化学技術の発展により，多くの有機物が人工的に生体外で合成できるようになったので，生気論は否定されたと考えられている（ヴェーラー自身は必ずしも生気論を否定しようとしなかったといわれる）．

　近代的なアルコール発酵の現象はラボアジェによって初めて自然科学の研究対象として取り上げられた．彼は炭素数6個の糖が発酵して，アルコール（CH_3CH_2OH，炭素数2個）と炭酸ガス（CO_2，炭素数1個）と微量の酢酸になる事を示し，それらが糖の中に含まれていた炭素，水素，酸素の3元素の重量とほとんど一致する事を確かめた．発酵という一見複雑怪奇に見える自然現象においても自らが示した反応原理「非金属の燃焼の化学反応の前後で元素の質と量が不変にとどまる」という原則が適用される事を示したわけである（1789年，フランス革命の年）．ちなみに，彼の得た結論は正しかったが，彼の用いた元素重量は誤っていたといわれ，それはゲイ・リュサックらによって訂正された．

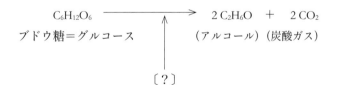

$$C_6H_{12}O_6 \longrightarrow 2\,C_2H_6O + 2\,CO_2$$

ブドウ糖＝グルコース　　　　　　　　（アルコール）（炭酸ガス）

〔？〕

　ラボアジェは，糖は一種の酸化物であり，これが発酵によって2つの部分に分解され，その一方は，他方の犠牲によって酸素化されて炭酸になり，もう一方は前者によって脱酸素化されて可溶性物質アルコールになるとしただけで，彼がフランス革命によってギロチンで殺されたこともあって，それ以上の研究の進展はなかった．その結果，発酵現象は化学的な立場からは一応の収支が付いたが，前式中で〔？〕で示した自然の中の小さな大変化が，どうして，何によって起こるのか，という問題は全く問われないままになった．

　実はここに「酵母」という微生物が関与していたのであるが，化学的には，全て「触媒」という言葉で一括されてしまった訳である．後から考えればおかしな事だが，アルコール発酵が植物性の細胞（酵母）によってはじめて起こるのであるから，その植物性の細胞の本体をもっと真剣に突き止めるのが当然と考えられるが，当時の高名な化学者達（ベルセリウスやリービッヒ）が細胞の本体を突き止める事を全く考えず，単に触媒あるいはせいぜい酵素類と考え，酵母の存在を受け入れられなかった事は注目に値する．これは新しい時代の流れの中で新しい概念の導入の困難さを示すものである．ラボアジェは，実験の傍らに始めた徴税請負人という彼の職業柄，発酵現象についての帳尻合わせ的な感覚が働いたのかもしれないが，発酵現象を誘起する原因（酵母）に関してはほとんど触れなかった．その結果，パスツールが現れるまでの約100年間は，発酵現象の原因をなす「酵母と呼ぶ物の本体は何か」という題目を中心として研究が進められた．「はじめに」で示したとおり，フランスの科学アカデミーが懸賞問題を出して

いた（1800）のもその頃である．やがて，1830年代半ばになって，何が糖類に大きな変化を起こさせるのかという問題に動きが出てきた．変化の原因は，生物（微生物）であると考える人々が出てきたのだ．

コラム
column **天才化学者ラボアジェとギロチン**

ラボアジェは，法律家の子として生まれ「徴税請負人」の資格を持っていた．その収入で，彼は巨大な私的実験室を建て，フランスの指導的科学者を集め，数々の化学的な業績を上げた．が，徴税請負人という肩書が仇となり，フランス革命の際，ギロチンで処刑された．実際には彼は直接徴税を担当していなかったという事で，救命運動が起こったが，「共和国は学者を必要とせず」として他の27人の同業者と共に処刑された．救命運動を行った親友のラグランジュ（天文学者）は「ラボアジェの頭を撥ねるのは一瞬でできるが，この頭を造るのは，100年あっても足りない」と嘆いた．

「酵母」を生物体とみなす新しい立場

19世紀の前半期には，顕微鏡観察をもとに，アルコール発酵の原因をなす「酵母」を生物体とみなす新しい立場が現れた．ビールを醸造する時に麦芽汁が発酵を終えると器底に灰白色の沈殿物がたまる事は知られていて，これはビール粕（ビールの排泄物，不潔物）であると考えられていた．

パリ生まれのカニヤール・ド・ラ・トゥール（1777-1859）は，

発酵しつつあるブドウの絞り汁を**顕微鏡下に観察**し，そこに卵型の粒体（酵母菌）を発見した（1836年頃）．この粒体は芽を出し分裂し（出芽酵母），さらに炭酸ガスらしい泡を出したが，動かなかったので，植物とみなされた．彼はこの結果を1836〜7年に発表した．こうした事例は既に，1680年にオランダのデルフト市に住むレンズ磨きの科学者レーウェンフックによって発表されていたが，彼はそれを生物体とは認めなかったので，それ以後も「ビール粕」は，単なる化学物質であるという見解が有力だった．

　この時期（1836），もう一人の発酵の研究者がいた．ドイツの大学者テオドール・シュワン（1810-82）である．彼も発酵液中に出芽し増殖する微生物を見つけ，これを「糖菌」とよび，この体内で糖がアルコールと炭酸ガスに変換される化学変化をまとめて**代謝**と呼ぶことを提案した．シュワンはこの菌を親しくしていたベルリン大学のマイエン助教授の元に持ち込んだ．マイエンはこの菌を調べて，サッカロミセス（現在の酵母菌）という新しい属名を与えた（1837）．シュワンはいくつかの実験から，あらかじめ熱で処理されたブドウの搾り液なり糖類は，一度加熱された空気に触れても発酵しない事実を示して，アルコール発酵は植物性の単細胞（酵母）によって開始される事を証明した．2年ほど後に出てきたドイツの藻類学者フリードリッヒ・キュッツィング（1807-93）もカニヤールと同様の現象を観察していたが発表が遅れた（1837）．しかし，彼は「誰が発見しようと，もっと大切なことは，事実が明らかになる事なのだ」とそれを意に介しなかった．彼は，アルコール発酵が進むと発酵液は酢酸になることを突

き止め，それに関与する微生物は酵母菌より更に小さな微生物（酢酸菌）であることを観察していた．それはバクテリア（細菌）であった．よく知られる大腸菌も細菌で，酵母よりも下等な微生物である．

「はじめに」でも記したが，酵母菌と細菌の違いは，酵母が真核細胞（ヒトと同じ高級な細胞）で，遺伝子（DNA）が核膜で保護されているのに対して，細菌は下等な細胞（前核細胞）で，遺伝子が細胞全体に広がっている．

これらの発見に対して，化学者側はなかなか理解しなかったようだ．これに就いてはシュワンの報告が予報的だったのと，実験結果が少しばらついていたからだともいわれる．

パスツールの登場

カニヤール，キュッツィング，シュワンらの酵母発酵説（1837年頃）に対して，翌年，有機化学者（リービッヒら）の反論があった．彼らの説は，発酵は「酵母」そのものによって起こるのではなく，その産物（粕）或いは分解物が触媒として発酵の化学反応を引き起こすというものであった．

ドイツ人のユストゥス・リービッヒは，当時の大化学者で，1842年に爵位を得て，フォン・リービッヒ（リービッヒ卿）と呼ばれるようになった．彼は，1839年に発酵学説を発表した．それによると，植物または動物起源の窒素が生体外に出されると糖に作用して，発酵を起こさせるとした．即ち発酵は「酵母」の生体内で起こるのではなく，「生体の排出物（上記のビール粕）の作

用によって起こる化学変化で
ある」というのが，彼の主張
であった．しかしこれは机上
の思弁的な説で，実験的な根
拠はなかった．

　このリービッヒの説に対し
て**「発酵とは空気のない状態
での酵母菌の生命現象であ
る」**と主張したのが，フラン
スのルイ・パスツール（1822-
95）であった．

　19世紀即ちパスツールの
時代までは生命は固有かつ特
別なもので，一般の化学物質

写真2●晩年のルイ・パスツール

の反応とは違うものであると考えられていた．すなわち，生命に
は無機物質を支配している機械論的原理とは別種の原理が働いて
いるとする見解（**生気論**）である．

　これに対して，人間（ヒト）を含む生物も科学機械と同様であ
るという機械論をとなえる哲学者や科学者（ド・ラ・メトリーの
ような医師）もいた．

　パスツールが発酵現象を酵母細胞の活性と強く結びつけて論じ
ていたのはこのような時代の背景の中での話である．弱冠26歳
にして，物質の光学異性体（ジアステレオマー）を顕微鏡下に識
別するという偉業を成し遂げたパスツールは化学者としての道を
進まず，生気論に与するような方向で，発酵問題に入って行った．

発酵現象で得られる生産物は，光学異性体であることが多いので，彼は発酵現象を微生物即ち生命と関連するものと考えたのではないかと思われる．

コラム
column
物質の光学活性（キラリティ）

　発酵中に樽の中に沈殿するブドウ酸は，化学組成も結晶構造も同一であるが，旋光計で測ってみると，光を右に回転させるものと左に回転させるものがある．これは結晶構造が右手と左手の関係にあり，両者は全く同じ対称的な構造をしているが，決して重ならない．鏡対称になっているのである．身近な例では，軍手は別として，普通の手袋でもグローブでも，右手のものは右手専用で左手では使えない．つまり手袋にはキラリティ（掌性）があるということになる．一方で，靴下にはキラリティがない（靴下は左右どちらの足に履いてもいいが，手袋はそうはいかない）．ところがパスツールは特殊な条件下に両方の結晶を共存させることに成功し，それらを顕微鏡下でピンセットでより分けたのである．この実験はパリの科学界で評判になり，結晶の専門家である老物理学者ジャン・バプテスト・ビオの耳に入り，立合い実験をすることになった．それに成功したパスツールはビオの激賞を受け一躍有名になった．

　物質のキラリティの差は重要で，右手型のビタミンＣ（＋アスコルビン酸）は，必須ビタミンであるが，（－）アスコルビン酸は生理作用がなくビタミンではない．また，悲劇的な例はサリドマイド事件で，（＋）型は安全で有効なつわり防止剤であったが，（－）型が活性のある変異原物質（変異を起こす変異剤）であったため，多くの胎児に深刻な被害を与えた．

　彼はこの時期に生物の自然発生説を否定する仕事をする中で，微生物と環境の問題を調べて微生物生理学の基本問題に解決策を示すと共に，ワインの腐敗問題の解決（パスツーリゼイション：低温殺菌法の開発），蚕の病気の治療法の開発，狂犬病予防ワクチンの開発など，より実用的かつ生物的な問題の解決に興味を移していった．

　発酵の微生物説は，病気の微生物説とも通ずるもので，当時，病気の原因を微生物によるものとする研究がドイツのコッホ（1843-1910）やイギリスのリスター（1827-1912）などによって進められていた．パスツールは，有機物を含まない化合物のみからなる合成培地で微生物を生育させることに成功した．これも生気論を破るものとされた．パスツールは並外れた愛国主義者だったので，発酵工業を経験や憶測から解放して科学の基礎の上に再編成する事が，イギリスより遅れて産業革命を完成しつつあった当時のフランス社会から強く要請された課題だと考えていた様だった．

　1860 年になって，67 歳のリービッヒは，48 歳のパスツールへの反論を公表した．彼は酵母が生物であることは認めたが，依然として，発酵は酵母の崩壊に伴う現象であり，増殖とは関係ないと主張した．パスツールは反論のためリービッヒを訪問した．彼は丁重にパスツールを迎え入れたが，パスツールが議論を始めると彼は病気を理由にそれを断った．リービッヒは 3 年後に亡くなったが，パスツールとの論争が彼の死を早めたともいわれる．

　筆者は，リービッヒとパスツールの対決は化学から生物学への過渡期の現象と捉えられるのではないかと考えている．それは丁

度,物理と化学による自然の理解と制御が目覚ましい成果をあげ,生物の世界もその視野に入ってきた時期だったといえるかもしれない.単なる化学現象から生物現象への移行ではなく,その間に「生気論」の問題が絡んでくるように感じられる.生気論は,生物の世界は物理学や化学では解明あるいは制御できない特別な世界だという考えである.

　最盛期のリービッヒにとっては,シュワンらによる「酵母菌」の存在の提起は我慢がならなかったのかもしれない.それは正に「生気論」の復活を思わせるものであったのかもしれないからである.リービッヒとパスツールの直接対決は,リービッヒの高齢を理由に回避されたが,その後,この争いを解決したのがパスツールの独創的な実験企画と実験量の多さではなかったかと考えられる.

　パスツールは自説を確固なものとして発言していったが,『実験医学研究序説』で名高いクロード・ベルナール (1813-78) は1878年に死去した時,生前非常に親しくしていたパスツールに対して,秘かにメモを残していた.「パスツールは少し自制しなければなるまい.パスツールは問題の一面しかみていない.アルコールは生命なき可溶性酵素によって作られる」と.この予言はパスツールの死後,実証された.

　しかし,その後の展開で,パスツールが更にその先の生物学の展開を見通していたことも今では明らかになっている.科学の展開,発展というものは,多くの人々の知性の投入によって真理に近づいて行くのである.ニュートンが,「自分が他の人々よりも遠くを見る事が出来たのは蓄積された科学という巨人の肩の上に

乗ったからである」といったと伝えられるが，誠に真なりである．

　以下，頁を割いて，この偉大なる化学者パスツールのことを紹介したい．

パスツールの偉大さ（身体的ハンディキャップと有益性）

　パスツールは発酵現象に関連して，地球上における微生物の幅広い働きを明らかにして，微生物学，医学，免疫学などに至るまで，まことに数多くの業績をあげた．各学問の基礎のみならず，ぶどう酒の腐敗を防ぎ，狂犬病におかされた犬に嚙まれた子供の命を救うなど基礎から応用にわたる広い分野の礎を築いたのである．彼によると「基礎研究とか応用研究というものはない，あるのは，良い研究とその応用である」という．

　世間ではパスツールが医者のように思われているが，彼は農芸化学者であって，医師免許を持っていなかった．その為，注射をするなどの医療行為をする事が出来ず，それらは，医師免許を持つ共同研究者に任せていたようだ．

　それでは以下，彼の人生を追ってみたい．

　パスツールはフランスの小村ドールの皮なめし工の長男として生まれた．上述の通り，1848 年若干 26 歳の若さで，ワインの樽の底にできるブドウ酸（酒石酸）を顕微鏡下に観察し，結晶に 2 種類の光学異性体があることを認め，それらをピンセットで分別する事に成功した．この業績によって彼は一躍時代の寵児になった．しかし，当時の物理学（結晶理論）の大家，ビオはパスツールの実験成果を信用せず，立ち合い実験を要求した．パスツール

図1●ラボのなかのパスツールは恐るべき集中力を発揮した.

はビオの目の前で結晶の分割を成功させ，ビオの激賞を得た．しかし，この実験の再現条件が不明で，その後，他の者が同じ実験を再現しようとしてもなかなか上手く行かなかった．その解明にはその後25年を要した．パスツールの実験がうまくいったのには2つの条件があり，一つは，彼がブドウ酸のナトリウム・アンモニア塩を使ったことで，ブドウ酸の中で，鏡像型の2種類の結晶ができて，肉眼で機械的に選り分ける事が出来るのは，ほぼ唯一このナトリウム・アンモニア塩だけである．もう一つの条件は，当時のパリの気温が摂氏26℃以下だったということで，26℃以上だと全部一つの型になってしまい，光学活性を示さない性質がある（余談ながら，パリは樺太と同じ北緯にあり，北海道より寒く，ホテルには夏の冷房設備のないところが多い）．この実験成果は偶然が重なったために起きた成功であった．そのため，それ以降，偶然によって起こる大発見は科学の「セレンディピティ」と呼ばれるようになった．これに対して，パスツール自身は「幸運の女神は待ち構えている心にのみ味方する」と云っている．

　45歳（1868年）の時，パスツールは脳卒中の発作に襲われた．翌日，彼の左半身は完全に麻痺し，その後30年間の生涯は半身不随のままであった．そのため，実験の大部分は助手と共同研究

者の手を借りねばならなかっ
たが，その状態で彼は幾多の
業績を上げた．

　パスツールは恐るべき仕事
への勤勉さと忍耐力と集中能
力を持っていた．彼は夜明け
に起き，ほとんど毎日，早朝
に実験室に現れ，宵の時刻ま
でそこに留まった．助手や共
同研究者によると，一つの問
題に長時間にわたって集中す

図2●レーウェンフック

る事ができ，その時にはほとんど忘我の境をさ迷っているよう
だったという．

　さらに彼は近視だった．近視が微生物学者に有利かどうかは不
明だが，奇妙なことに，この近視の欠陥はドイツの偉大な微生物
学者ロベルト・コッホとオランダの顕微鏡学者レーウェンフック
（図2）らにも共通だったという．パスツールの共同研究者によ
ると，彼の近接視覚は非常に鋭いものがあり，顕微鏡下あるいは
手に持った対象を見る時，周囲の正常視覚者には分からない物で
も，彼には実際に見えたという．

無細胞抽出液によるアルコール発酵の発見

　19世紀はパスツールの完全勝利に終わったかに見えたが，彼
の死後（1895年），2年経って，酵母細胞自体がなくても酵母か

ら得られる発酵関連の酵素群の抽出物によって発酵現象が起こる事がエデュアルド・ブーフナー（1860-1917）によって発見された（1897年）．この結果は多くの実験室で追試され，賛否両論が相次いだが，最終的に細胞がなくても発酵現象を司る一連の酵素系が揃っていれば試験管の中でアルコール発酵が再現できる事が証明された．ここから酵素の研究が始まり，1930年代のマイヤーホッフの登場を準備することになる．

第Ⅱ章 │ *Chapter II*

オットー・マイヤーホッフの時代

　解糖系代謝経路（エムデン―マイヤーホッフ経路）の解明者の一人として知られるオットー・マイヤーホッフ（1884-1951）は，もともとは詩を読み，音楽を聴き，絵の鑑賞を好む文学青年だった．彼はゲーテに心酔し，カント派の哲学者であった．ところが，子供の頃からの友達だったオットー・ワールブルグの勧めによって生化学の世界に入った（二人は連名の論文を発表し，「二人のオットー」とよばれた）．

　マイヤーホッフはドイツ文化に対する造詣が深く，自分自身もドイツ人であることを疑わなかったが，実はドイツ系ユダヤ人だった．当時のドイツ生化学界では，ノイベルグ，エムデン，リップマン，ワールブルグ，クレブスなどユダヤ人研究者が多かった．

　彼は，酵母のアルコール発酵が起こるメカニズム（機構）が，哺乳動物の筋肉内でグリコーゲンから乳酸が作られるメカニズムと類似の代謝過程であることを見抜いた．これは「**生物学の斉一性**」といわれるもので，生物間に共通のメカニズムがあることを示したものである．酵母が発酵によってアルコールを作るのは，決して我々に清酒やワインを提供するためではない．彼らが生きていくためのエネルギーを得るために糖（ブドウ糖，英語ではグ

ルコース）を分解（発酵）しているのであって，我々酒飲みは彼
らの営みを利用して彼らの作ったアルコールを頂戴（横取り）し
ているのである．それは我々人間（ヒト）が運動をする時に筋肉
に必要なエネルギーを造る過程と同じである．

　彼は生物の代謝過程が熱力学を基礎とした化学反応によって営
まれる事を確信し，それまでの生気論（生命は特別な存在である
とする見解）を退けた．マイヤーホッフはキール大学で筋肉と乳酸
生成の研究をはじめ多くの業績を残し，共同研究者のヒルととも
にノーベル賞を受賞（1922 年）した．彼の実験室では，酵母菌に
よるアルコール発酵の研究とカエルの筋肉を使った解糖系の実験
が同時に行われていた（子供の頃に研究室に連れていかれた息子の
ウォーター・マイヤーホッフは，磔（はりつけ）にされたカエルに
同情したという）．

　マイヤーホッフの研究の最盛期は，1930 年代の 8 年間である．
1933 年にヒトラーが政権を取ると直ちにユダヤ人の弾圧を始め
たため，医者や弁護士など多くの知的階級のユダヤ人は海外へ脱
出したが，それが彼の研究の最盛期にあったため，彼は逃げ遅れ，
1938 年までハイデルベルグに残って研究を続けた．しかし，最
後には耐えきれずに，研究室の誰にも告げずにパリ（フランス）
へ脱出した．

　以下，彼の波乱万丈の人生を概観してみよう．

マイヤーホッフの生涯

　マイヤーホッフは，1909 年頃，ハイデルベルグのクレール医

学治療所で，幼友達のワール
ブルグ（**写真3**）と再会した．
ワールブルグは，パスツール
の様な大学者になると豪語し
て，まずエミール・フィッ
シャーに有機化学を学んだあ
と，細胞呼吸の生理学を学ぶ
ための用意周到な技術と分析
手段を磨いて，生理・生化学
の分野で頭角を現していた．
彼はマイヤーホッフに生命現
象を研究するためには，物理
学や化学の方法で仮説を証明

写真3●オットー・ワールブルグ

しなければならないことを説いた．二人は翌年の春にナポリの臨
海研究所へ出かけてウニ卵の酸素消費の測定をワールブルグが開
発した酸素計で測定するという共同実験をした．その時の成果は
1912年に二人の連名で「殺された細胞と細胞分画の呼吸」（Ueber
Atmung in abgetoteneen Zellen und in Zellfragmenten）として発表された．

　1914年にマイヤーホッフはハイデルベルグで知り合った画家
のヘドビッヒ・シャーレンベルグと結婚し，新婚旅行でイギリス
へ行った．マンチェスターでは生理学者アーチバルド・ヒル
（1886-1977）と出会い，彼の筋収縮に伴う熱発生の研究の話を聞
いている．それ以降，ヒルとは家族的な付き合いをするようにな
り，お互いの娘たちも大変親しくなったという（後年，マイヤーホッ
フの長女・エマーソン夫人から筆者が直接聞いた話である）．1922年，

マイヤーホッフとヒルは共同でノーベル医学生理学賞を受賞している．さらにイギリス・ケンブリッジ大学で，生化学の先駆者ホプキンスと会合を持った．それは第一次世界大戦（1914-1918）の勃発寸前の時だった．

　マイヤーホッフの研究構想はアメリカでも評価されていたが，突然の第一次世界大戦のため，実際には1918年まで研究を始める事は出来なかった．

　1918年7月31日にマイヤーホッフはキール大学の若き私的大学講師（Privatdozent）として，「細胞の諸過程のエネルギー論」（Zur Energetik der Zellvorgaenge）という講演をした．これはエネルギー代謝から生命現象を解析していこうという彼の決心が示されていて，近代生化学の発展の一里塚となった．この講演とその後に続く研究が，化学的な細胞反応の解析に熱力学やエネルギー論を使うきっかけになった．弟子のナハマンゾーンによると，1950年代に「生体エネルギー論（bioenergetics）」という言葉が導入されたが，それは，1913年にマイヤーホッフがすでに講演で使用した「energetics of cell processes」と同じもので，新しい概念が導入されたものではないという．この言葉でマイヤーホッフは，単なる静的な平衡ではなく，生命の動的平衡の維持を意味しているという．

　戦前に，ヒルは筋肉と熱発生に関して，フレッチャーとホプキンスの乳酸に関する観察（1905-07）をまとめようとしていた．彼らは既に嫌気的条件下（酸素のない状態）で乳酸が生成する事を発見していた．酸素が存在すると乳酸は生成しなかった．

　マイヤーホッフも戦前の数年で，乳酸に関するいくつかの重要で印象的な研究をした．彼は乳酸の「微量定量法」を考案して，少ないカエルの筋肉量で短時間で測定ができるようにした．また乳酸の生成量は筋収縮と直線比例関係にある事，その乳酸はグリコーゲンから来ることを明らかにしていった．

　乳酸は強い酸なので，それが蓄積すると細胞はすぐに中和する必要がある．その中和の作用で，乳酸のほんの5分の1から6分の1が酸化されるだけで残りは炭水化物（グリコーゲン）に再生される事を彼は報告している．そのメカニズムについて，この報告では，筋肉における酸化のエネルギーはグリコーゲンの再合成のために使われると仮定した．

　つまり，以下のような過程をマイヤーホッフは想定している．グリコーゲンはリン酸化化合物の中間体（化学反応の中間生成物のこと）に分解され，その後，いくつかの代謝過程を経て乳酸ができる．その際，同時に生成するエネルギーによって，乳酸は再びリン酸化された中間体になって，グリコーゲンに再生される．この仮説は後年（1940年），コリ夫妻によって証明され，コリ回路と呼ばれている．

　マイヤーホッフの研究は説得力があって，ケンブリッジ大学のホプキンスの激賞を受け，彼の推薦によって，ヒルと共に1922年度のノーベル医学生理学賞を受賞した（筋収縮の際に発生する熱の総量が化学反応によって説明できるようになるのはそれから10～12年後で，筋収縮に関連してさらに2種類の新しいリン酸化合物が発見された後である）．

　マイヤーホッフとヒルのデータは生物学の歴史の中で初めて，

生物化学，生物物理，そして熱力学のデータを関連付ける試みであったが，その目的はほんの部分的に達成されただけだった．

コラム
column ノーベル賞は仮説に対して与えられるか

　生物学者の何人かは，マイヤーホッフは筋収縮のエネルギーの一部を乳酸生成によって説明しただけで，それに対する証明をした訳ではないのではないかという印象を持った．ノーベル賞は仮説に対して与えられるべきではないという点に疑問を持った弟子のナハマンゾーンは，長年ノーベル賞委員会の幹事をしていたゲーレン・リレエストランド教授（Prof. Goeren Liljestrand）にマイヤーホッフにノーベル賞が与えられた理由について直接，話を聞いた．同教授はこの仮説が考慮されたことは断じてないと強く否定したという．そして，むしろ，賞は「ヒルとマイヤーホッフの生物物理と生物化学のデータを関連付けた素晴らしい試み（the brilliant attempt by Hill and Meyerhof to correlate biochemical and biophysical data）」に対して与えられたと強調したという（彼はさらに，マイヤーホッフとローマンによって1925年11月に投稿され1926年に発表された論文を挙げたというが，それはノーベル賞の後の話である）．筆者には，当時の最先端の学問の殿堂と考えられていたケンブリッジ大学のホプキンスの後押しがやはり大きかったのではないかと思われる．

　さて，キール大学では，マイヤーホッフは生理学者ルドルフ・ヘーバー教授の研究室にいたが，そこでアンチセミティズム（反ユダヤ主義）のために不愉快な思いをした．ヘーバーがその学部

の委員長として新しい
部門を作り，マイヤー
ホッフをその責任者に
しようとしたところ，
学部の教授会が反対し
て彼よりもはるかに才
能のない人物をその地
位につけたという．
ヘーバー自身もユダヤ

写真4●カイザー・ヴィルヘルム研究所（KWI）．
手前はネッカー河．

人だったことを考えると，マイヤーホッフへの処遇は異例の事
だったという．

　ドイツは第一次大戦での敗北後，ワイマール共和国の下で反ユ
ダヤ主義が蔓延していた．同じくキール大学でもユダヤ人は差別
され，マイヤーホッフには誰も技術的な援助をしてくれなかった．
ノーベル賞をもらった彼の素晴らしい研究の数々は，彼一人で
やったものだった．当時，マイヤーホッフはアメリカのエール大
学から魅力的な申し出を受けて，反ユダヤ主義に染まるキール大
学から移る気になっていたようだが，ワールブルグとベルリンの
カイザー・ヴィルヘルム研究所（KWI）（**写真4**）のメンバーがカ
イザー・ヴィルヘルム協会に掛け合って，研究所内にマイヤーホッ
フの研究室を作るよう請願した．研究所メンバーはそれぞれがマ
イヤーホッフに一部屋ずつを提供し，招聘を熱望したという．部
屋はあちこちに散らばっていた上に，簡易なものだったので不便
だったが，マイヤーホッフはそれを受け入れた．しかし，1929
年の年末に，ベルリンのダーレムから新設のハイデルベルグの研

究所に移った．こうして彼は初めて技術的な援助をしてくれる共同研究者のグループと立派な研究施設を持った．研究室は彼のプランと希望通りに設備を備えたものであった．彼自身も有名になっていたので，まもなくマイヤーホッフの研究室には多くの若くて有能な研究者が蝟集するようになった．彼らはマイヤーホッフの実験を遂行するのに重要な人材であった．さらに，カイザー・ヴィルヘルム協会は，マイヤーホッフのために美しい庭付きの立派な豪邸を用意した．この時，彼は 46 歳，自分の独創的な研究をするには最も効率よくかつ快適な状況にあった．このハイデルベルグの 8 年間（1930 ～ 38 年頃）が彼にとって一番実りの多い時期で，個人的にも幸福な時だった．

　マイヤーホッフの研究室のなかで，カール・ローマン（1908-78）は特筆すべき存在であった．彼は，1924 年から 1937 年までマイヤーホッフの下で研究して，その後ベルリン大学のチェア・パーソン（Chair-person）になった．この二人の出会いは，マイヤーホッフ研究室の発展に非常に深いインパクトを与えた（この事はマイヤーホッフ自身がいろいろな機会に述べている）．人間性は全く正反対の二人だったが，科学的には二人は互いに補い合った．ローマンの果たした多くの功績の中で，最も特筆されるべきものは ATP（エネルギー物質）の発見・構造決定・機能の解析である．

デンマークからの手紙

　この様な時（1929 年 12 月）にデンマークのコペンハーゲンにいる生理学者アイナー・ルンズゴール（Einar Lundesgaard）からの手

紙が届いた（筆者はこの名前をどう発音するか分からなかったが，デンマークの有名な哲学者キルケゴール（Kierkegaard）の名前の語尾が同じであることから「ルンズゴール」だろうと推測している）．彼の手紙によると「モノヨード酢酸を加えて乳酸の生成を止めてもカエルの筋肉が収縮する．その時クレアチンリン酸が無くなると収縮しなくなる」というものだった．つまり，彼の手紙は「乳酸が生成するのに連動して発生するエネルギーによって筋肉の収縮が起こる」とするマイヤーホッフの「乳酸学説」の修正を迫るものであった．ルンズゴールはこれ以上の実験は，田舎大学ではできないので，そちらへ行って実験したいとの事だった．マイヤーホッフはその要請を快く受け入れ，ハイデルベルグへ来るように招請した．

　ルンズゴールは翌年（1930年1月）に立ち合い実験のためにハイデルベルグにやってきた．彼がハイデルベルグ駅に着くとマイヤーホッフとリップマンが出迎えに来ていて，彼が荷物を解く間もなく，研究室へ連行して，直ちに実験を始めたという．ルンズゴールは，マイヤーホッフ研究室に約6カ月間滞在した．その間，ローマン，リップマン，ブラシュコらが一緒に実験した．このスピード感から全員の並々ならぬ情熱が伝わって来る．ルンズゴールが去った後，リップマンとナハマンゾーンが筋肉の収縮時のクレアチンリン酸の生成と消滅，それにエネルギーの生成と乳酸の生成の関係を，in vivo（生体内）並びに in vitro（試験管内）の両面から徹底的に調べた．結果はすぐに確認され，マイヤーホッフ，ルンズゴール，ブラシュコの連名で発表された（1930）．マイヤーホッフは彼の説を次のように訂正した．「乳酸が作られる際に，

クレアチンリン酸が作られ，その分解によって，筋収縮のエネルギーを賄う」というものであった．これを乳酸学説の崩壊と説く人もいるが，筆者はそうは思わない．科学の進歩というものは，多くの研究者により，色々な成果が出て，初めに出された仮説が少しずつ修正され，それによって少しずつ真理に近づいて行くのである．

ヒトラーによるユダヤ人の弾圧

　ヒトラーは 1933 年に政権を握ると，直ちにユダヤ人の迫害を始めたので，アインシュタインらノーベル賞受賞者も，大学や研究所を去ることになった．医師，弁護士，学者，教師など高学歴のユダヤ人ほど職場から締め出されたので，直ちに国外へ移住したが，当時のマイヤーホッフは研究の最盛期にあったため，逃げ遅れて，1938 年までドイツにとどまった．この時期になると，逆にユダヤ人の出国が制限されるようになり，特に，彼はノーベル賞受賞者として有名だったので，200 人の出国制限者リストに記載され，ドイツからの出国が困難になった．

　ナチスのユダヤ人への規制，迫害のテンポは急速に悪化し，若い研究者もそれぞれドイツを去るようになり，マイヤーホッフ自身もドイツを出ることを考えるようになった．その直接の引き金は，彼が国外の国際会議に出席しようとしたとき，警察が彼のパスポートを取り上げたことである．パスポートはその後返却されたが，その頃になると国外への移住に種々の条件が付けられるようになり，移住は次第に逃亡，亡命という形になっていった．着

写真5●マイヤーホッフの家族写真

の身着のままで逃亡することは，全財産を置き去りにすることになるので，ナチス政権がユダヤ人財産の没収を意図していたのではないかともいわれる．マイヤーホッフは息子ウォーターの病気治療を理由にスイスへ数週間出掛ける許可を取り出国したが，身の回りの必需品以外は持って行けなかった．マイヤーホッフの家財一式も没収，競売に付された（彼の忠実な助手シュルツが誰が買ったかをメモしておいて，後日買い戻したという）．

　マイヤーホッフはポジションを探しにアメリカへ行ったが，当時はまだ世界恐慌の影響が大きく，科学者としての職を得ることは困難だった．彼は，ちょうどアメリカに来ていた弟子のナハマンゾーンと相談して，パリで適当なポジションを探すことになった．

ドイツからフランスへ，パリからマルセイユへ

　ナハマンゾーンは直ぐに，パリの生化学者たちに接触し，ヴュルスマー（生物生理化学研究所部長）がマイヤーホッフのために満足のいく設備と研究所長のポジションを用意した．パリの生化学者たちはマイヤーホッフを尊敬して受け入れ，彼はすぐに多くの

フランス人研究者と交流を深め，幸福な2年間を過ごすことができた．

　生物生理化学研究所はピエール・キュリー通りにあった．この通りにはいくつかの研究所があり，多くの有名な科学者が研究をしていた．そこは素晴らしい知的センターで，マイヤーホッフはその雰囲気をたいそう楽しんだ．当時のロッシュ社では，アミノ酸，ペプチド，炭水化物，それにプリンやピリミジンなどの生化学製剤を造っていたが，マイヤーホッフとの共同研究で，解糖系の代謝中間体の生産が始まった．心臓薬としてのAMP（アデノシン1リン酸）とATPの酵素合成系が開発された．

　マイヤーホッフとナハマンゾーンの二人は，この2年間に親交を深め，たびたびロワール川流域の城を訪問して，科学はもちろん，芸術，文学などあらゆる問題を論じ合った．ナハマンゾーンは，そのとき，改めてマイヤーホッフの広い分野での見識の深さに感銘を受けたという．

　しかし，1940年になるとナチスがパリに侵攻してきたので，マイヤーホッフは再び逃亡しなければならなくなった．フランスはナチスの傀儡政権であるヴィシー政権が統治した．息子のウォーターは抑留者として何度も収容所に収監され，マイヤーホッフも捕まればアウシュヴィッツ強制収容所へ送られる可能性があったので，公共交通機関は使えなかった．彼は夫人と共にタクシーでの逃亡を計画する．

　マイヤーホッフ夫妻ははじめはボルドーからロンドンに渡る予定だったが，イギリス政府はナチスに遠慮してビザを出さなかった．当時はナチスの勢いが強かったため，周辺諸国の政府もナチ

スの顔色を窺っていた
のである．そのため夫
妻は，パリからタク
シーで南フランスのマ
ルセイユへ逃れた．そ
の後，地中海の小さな
漁村バニュルスに滞在
した後，ピレネー山脈
を徒歩で越えて，スペ

写真6 ●強制収容所（ユダヤ人を焼いたかま）

インへ脱出を試みた．息子のウォーターは，両親が自分を残した
まま逃亡を試みた事にたいへんショックを受けたようだが，マイ
ヤーホフは息子の兵役免除許可を取っていて，結局，親子はマ
ルセイユの「ホテル・スプランディッド」で再会を果たした．各々
が家族のことを考えながらも命がけで，右往左往していたのであ
る．

ジャン・ロッシュの支援で出国ビザを獲得

　その際，フランス人であるジャン・ロッシュ（1901-1992，当時
マルセイユ大学教授，第Ⅴ章「マイヤーホフの同時代人」を参照）が，
自身の危険を顧みず，人道的な支援をしてマイヤーホフの国外
脱出を助けた．当時の状況下で，マイヤーホフ夫妻を助けよう
とする人はいなかったが，ロッシュだけは彼らのために尽力した．
　マイヤーホフはナチスが彼を捕まえてアウシュヴィッツのよ
うな強制収容所へ送ろうとしていることを想像もしていなかった

ので，ロッシュが彼に危険な状態を避けなければならないことを
いくら説明しても，彼は「私は正直者で嘘がつけない」と繰り返
すばかりで，危険な状況を理解しなかった．幸い，夫人と息子
（ウォーター）が付き添っていて，彼らは実情をよく理解していた
という．ロッシュは，重要なことはマイヤーホッフにスペイン国
境を越えさせることだと考えた．それにはフランスを脱出するた
めの出国ビザと，スペイン政府が発行するスペインの通過ビザが
必要だった．息子のウォーターは，ユダヤ人を示す"J"の入った
自分のパスポートを捨ててしまっていたので，しばらくフランス
に滞在する決心をしていた．そのため，ビザはマイヤーホッフ夫
妻の二人分でよかった．マイヤーホッフは，知人の薬学部長が，
ヴィシー政権に個人的な友人をもっていたので，自分らの出国ビ
ザを頼むように提案したが，ロッシュは不可能なのでしないほう
がいいと忠告した．しかし，夫妻は納得しなかった．果たして，
ビザ申請後，数日で返事が来たが，「マイヤーホッフ教授にビザ
は発給できない．彼はナチスの権威筋からペタン政権に出された
200人リストの一人であり，フランスを去る許可を受ける権利は
ない」というものだった．マイヤーホッフは，ヴィシー政権に出
国ビザの発給を拒否されたが，すでにマルセイユの科学アカデ
ミー会長に頼んでフランス国境に近いバニュルス・シュラ・メー
ルの海洋生物研究所に彼を移してくれるよう要請したことを述
べ，ロッシュに国外脱出を助けてくれるように頼んだ．

　ロッシュ夫人はノルウェー人で，スペイン領事夫人もノル
ウェー出身ということもあって良好な関係だったので，マイヤー
ホッフ夫妻のためスペイン出国へのビザ取得に動いた．しかし，

マイヤーホッフは，スペイン領事に「私はドイツ市民ではなくて，無国籍者だ」と宣言することをたいへん嫌がり，ロッシュは何度も「今は緊急事態で，そんな呑気なことを言っている時ではない」と言って説得したという．

　結果的に1カ月間有効のビザを取得できたので，ロッシュはそれを次の依頼書とともにマイヤーホッフに渡した．「マイヤーホッフ教授は，バニュルス・シュラ・メールにある海洋生物研究所で研究をしなければならない．ここは，スペイン国境に近く，バルセロナへの途上にあるから，マイヤーホッフ夫妻が到着したら，研究所長の援助と，彼らをピレネー山脈を越えてスペインへ連れて行ける男の援助をお願いしたい」．

　こうして，マイヤーホッフ夫妻は国境の町バニュルスに向かったが，20日かそれ以上経ってから，こともあろうにマルセイユに舞い戻ってきた．マイヤーホッフは，真面目というかナイーブな人で，スペインとの国境まで行ったが「ギャングか盗賊のような形でフランスを出国したくない」ということで，もたもたしている間にビザの有効期限を切らしてしまったのだった．そこで，もう一度フランコ政権から，1カ月以上有効なビザを取って欲しいとロッシュに頼んできた．ロッシュはマイヤーホッフ夫妻に直ちにバニュルスへ引き返して，一刻も早く国境を越えるように言った．なぜなら，スペイン領事もこのような危険なことを二度と引き受けることはないだろうと考えたからである．誰もがユダヤ人の味方をしてその身を危険にさらすことを嫌がっていた．マイヤーホッフ夫人は夫にロッシュの提案を受け入れることを決心させて，二人はバニュルスへ戻って行った．ロッシュは，筆者へ

の手紙（P.108参照）の中で次のように言っている.「この偉大な科学者の常識のなさは信じられないほどで,ドイツの占領下に置かれているわれわれに多大のトラブルを引き起こした」.

　マイヤーホッフはナイーブかつ律儀な性格で,フランス脱出後,ロッシュにお礼の電報を打ち,アメリカに亡命後もロッシュに定期的に近況を知らせてきた.それらの電報や手紙が,ナチスの支配下にあったヴィシー政権の手に渡り,ロッシュは警察の尋問を受けるはめになった.

　マイヤーホッフ夫妻の南仏地中海での出来事は,命がけの逃避行だったが,ドイツをはじめ欧米には全く記録がなく,誰にも知られていない.しかし大変重要かつ興味深い歴史的な資料なので,それを後世に残して,酒を愛する多くの人々には是非とも知ってもらいたいというのが筆者の思いで,ここにそれらの真相を明らかにする次第である.

　マイヤーホッフをよく知る発酵の専門家でも,彼がドイツ系ユダヤ人でヒトラー政権下のドイツで発酵の研究をつづけた事,1938年になって命からがらドイツを抜け出し,パリ（フランス）に亡命した事を知る人は少ない.夫妻のマルセイユでの経験はドイツ国内にも全く知られていなかった.そのため,資料として筆者のマイヤーホッフに関する本文（日本文,化学と生物 Vol. 53, No. 11, 2015.）の内容及びその英文（SIMB News:Vol. 66, No.3, 2016）は,ベルリン郊外にあるダーレムのマックス・プランク研究所（旧カイザー・ヴィルヘルム研究所）の公文書保管館に永久保存されている.

　ホテル・スプランディッドは，歴史的なホテルで，ナチスから逃げ出す何千人もの避難民を救出するために作られたヴァリアン・フライ（米国人）の緊急救出委員会が拠点としていたものであるが，今は存在しない．

　筆者は，2013年にマルセイユへ行った時，港にあるホテル街から山上の鉄道駅に至るまで，古いホテルや旅行案内所を聞いて回ったが，誰もこのホテルの事を知る人はいなかった．

　フライはニューヨークのジャーナリストだったが，自ら志願して急遽マルセイユに向かった．彼は出国制限のある有名人を含む，2〜3千人の避難民をスペインへ逃したが，そのために逮捕され，アメリカへ強制送還された．その偉業は長年知られることなく，彼は1967年に59歳で亡くなった．

　筆者は，2015年4月に再度マルセイユを訪ね，マイヤーホッフがフライに出会ったというホテル・スプランディッドについて調査した．その時，知人で親日家のセカルディー教授（フランス国立高等研究院名誉教授）が，現在のホテル・テルミヌスが昔のスプランディッドだと教えてくれた．それは，セントチャールス鉄道駅に近く，港に向かう長い階段を下った右手の角にあった（写真7，8参照）．

マイヤーホッフの晩年（心臓発作）

　彼は，第二次世界大戦中にペンシルベニア大学教授に就任し，直ちに研究を再開した．そこでの最後の10年間にも約50編の論

写真7●写真右に見えるホテル・テルミヌスが
　　　かつてのホテル・スプランディッド
　　　だった.

写真8●かつてのホテル・スプランディッド.
　　　風景は現在と大きく変わらない.

文を出し続けたが，ド
イツ時代に比べてその
間の論文数は激減し
た．それは生化学界の
大きな損失であった．

　1944年6月末にマ
イヤーホッフは，ウズ
ホールにある海洋生物
学研究所（米国マサ
チューセッツ州）に滞
在中，テニスの後で心
臓発作を起こした．幸
い，彼の親しいニュー
ヨークのグレヴィッチ
医師がいて，発作を鎮
める注射をし，近くの
病院に入院させた．し
かし，マイヤーホッフ
は，手足を動かすこと
ができず，ただ目をパ
チクリさせるだけだっ

たという．筆者は，1978年にニューヨークでこの医師の夫人（マ
リンカ）に会ってそのときの様子を聞くことができた．彼女はウ
ズホールのレストランの床に懐中時計（腕時計ではない）が落ち
ているのを見つけた．それはいつもマイヤーホッフが持っている

物だったので，彼の部屋に届けたところ，彼は一人で胸を押さえ
て苦しんでいた．しかし，彼はあくまで冷静で静かだった．叫ん
だり，大げさな様子は見せなかったという．彼女の夫のグレヴィッ
チが応急手当をして，近くの病院に入院させた．マイヤーホッフ
夫人は健康が優れずウズホールに来られなかったので，マイヤー
ホッフの娘ベチナとナハマンゾーン夫人とマリンカの3人でマイ
ヤーホッフの面倒を見たという．2〜3カ月後にマイヤーホッフ
は，友人の医師が治療を続けやすいようにニューヨークのシナイ
病院に移された．病院ではマリンカがマイヤーホッフの看病をし
て，毎日3〜4時間いろいろな本を読んであげたという．それ
はリルケの詩集とか，アルダス・ハクスリやトーマス・ウルフの
本だったという．その後もマイヤーホッフは小さな心臓発作を何
度か起こし，結局10カ月以上病院を出ることができなかった．
マイヤーホッフ夫人もニューヨークに泊まるところを見つけて毎
日介抱したが，最後にフィラデルフィアの自宅に帰ったときは，
マイヤーホッフはたいへん老けて見えたという．マイヤーホッフ
は退院後も仕事を続け，1951年10月6日に二度目の心臓発作で
亡くなった．それは，就眠中に起こり，彼はそのまま帰らぬ人と
なった．苦しみは全くなく，67年の生涯だった．

第Ⅲ章 | *Chapter III*

発酵研究史とマイヤーホッフ

　19世紀から20世紀前半のアルコール発酵の歴史を見ると，ノイベルグ，エムデン，マイヤーホッフ，ワールブルグ，リップマン，ナハマンゾーンと多くのユダヤ人が活躍している．然るにヒトラー・ナチスの時代になるとユダヤ人への弾圧が始まり，多くのユダヤ人がドイツを去りアメリカへ移住した．その結果，20世紀にはアメリカを中心に生化学の時代が花開くことになった．1953年には，ワトソンとクリックにより遺伝子の化学構造が明らかになり，遺伝子を操作する時代になって行くのである．

　生体内の反応は，もともとは太陽のエネルギーに由来するもので，植物の光合成によってそれが炭水化物（化学エネルギー）に変えられて，それが次第に酸化され，体温保持のための熱に変換され，筋肉の収縮などのいろいろな段階で利用され，最後には炭酸ガス（呼吸）や乳酸やアルコール（発酵の場合）などの簡単な有機化合物になって放出されるまでの過程で得られるエネルギーとして生物の生存を図っているのである．すなわち，筋肉運動のような機械的エネルギー，体温保持のための熱エネルギー，生合成のための化学エネルギーなどは全て，この緩慢な酸化のエネル

ギーに頼っているのである.

ATP（アデノシントリ（三）リン酸）は，細胞代謝で最も重要なものであるが，ATP の他にもクレアチンリン酸やアルギニンリン酸，UTP，GTP，CTP などの"高エネルギー結合"を持つ化学物質がある．筋肉内ではクレアチンリン酸のエネルギーの含量がATP の 10 倍もあり，使われた ATP の補充はこのクレアチンリン酸によって行われるという．生体内にはこの種の高エネルギー結合を持つ物質が多種多量にあり，それらを利用する酵素がまた多種多様にあってはじめて，生体反応は進む．ただ単なる化学物質が存在するだけでは何の代謝も起こらないのである．

この仕組みを頭に入れて，ここからは発酵研究の歴史とマイヤーホッフの業績を見ていきたい．

発酵と解糖（グリコリシス）

発酵という言葉は元々微生物による有機物（例えば食品）の分解という意味を持っていた．有機物には炭水化物もあるが，たんぱく質もある．たんぱく質の場合は，それを構成するアミノ酸がアミノ基（$-NH_2$）を含んでいるので，たんぱく質が分解すると一般にアンモニア（NH_3）臭が発生して，人間には食べられなくなる．これは腐敗である．従って，発酵と腐敗とは同じ現象であるが，人間が食べられる場合には発酵と呼び，食べられない場合が腐敗である．一方，炭水化物の場合には，それを構成するものとしては，コメ澱粉とかイモ澱粉と呼ばれるように澱粉質が多い．澱粉質は分解するとブドウ糖（グルコース＝炭素数 6 個の化合物）にな

り，空気中に存在する酵母と呼ばれる微生物によってエチルアルコール（いわゆる酒やワイン）と炭酸ガスに変化する．

　動物の筋肉の場合には，運動する事によって筋肉中に含まれているグリコーゲンが消費（分解）されて，構成成分であるグルコースになって，それがさらに乳酸やピルビン酸に変化して筋肉中に蓄積されてくる．

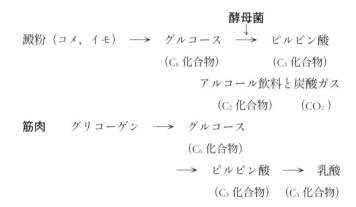

以上の様に，酵母菌と動物の筋肉は，グルコースからピルビン酸に至る化学反応が共通であるため，これを解糖系（グリコリシス，glycolysis）と呼んで，集中的に研究された．この酵母菌と動物の筋肉の共通性を初めて見抜いたのが，本書の冒頭でも述べたマイヤーホッフの哲学的思考によるものであったと筆者は考えている．事実マイヤーホッフ自身も初めから酵母菌を使ったわけではない．初めはイギリスの生化学者ホプキンス（1861-1947）と生理学者フレッチャー（1873-1933）がカエルの筋肉を用いて行った筋肉の収縮時における乳酸生成の研究（1907）を土台に，彼自身の

研究をスタートさせている.

乳酸学説（その始まりとマイヤーホッフの解糖系の研究）

　生理現象とエネルギー代謝を関連させるには筋肉の収縮と熱発生の関連を調べる事が考えられ，1907年にイギリスのホプキンス，フレッチャーが筋収縮と乳酸発生の関係を報告した．同じ頃，同じくイギリスのヒル（1886-1977）が，筋収縮と熱発生の関係を詳しく測定した.

　乳酸が筋肉中に存在する事を初めて示したのは，ベルセリウス（1779-1848）である．彼は1807年に鹿狩りに出かけ，長い追跡の後，仕留めた鹿の肉から乳酸を単離した．筋肉を持続的に収縮させると乳酸が蓄積する事は，1859年になってカエルの筋肉で確認された．乳酸の化学分析は，リービッヒによってなされ，化学式が提出された．さらに，筋肉中の乳酸はグリコーゲンに由来する事がドイツの生理化学者ホッペ・ザイラー（1825-95）とフランスの有名な生理学者クロード・ベルナール（1813-78）によって示された（1877）.

　マイヤーホッフは，1913年にキール大学で講演をして，細胞の活動機能をエネルギー収支の視点から解明しようとしていた.その手掛かりとして，グルコースからの乳酸の生成に目を付けた.彼の考えは生命機能の維持は熱力学の第一法則による化学エネルギーの変換によって公式化できる．それは静的な平衡ではなく"動的平衡"である．生体は絶え間のないエネルギーの供給を要求し，それは食物の形で与えられる．しかし，根本的な問題はこのエネ

ルギー供給が細胞機能の働きにどのように使われるかという事である．最初にエネルギーが投入されると機能性が発揮されるように使われて，最後には熱として発散される．それまでの全段階を究明するためには，長い反応連鎖に含まれる一連のエネルギー変換の全工程に含まれる各物資のエネルギー連鎖を一つ一つ解析しなければなるまい，と彼は考えていた．

　生化学物質は複雑なので，筋肉の収縮の際の極微小変化を報告する事は出来なかった．1924年キール大学から移ったカイザー・ヴィルヘルム研究所のマイヤーホッフの研究室では，筋収縮の際に乳酸生成が見られた．しかし，フランクフルト大のグスタフ・エムデン（1874-1933）の実験では乳酸の増加が必ずしも筋収縮と一致しなかった．これに対して，マイヤーホッフはエムデンのデータは刺激が強すぎるからではないかと解釈していた．

　これらの実験結果の違いが論争に発展し，両グループとも苛立っていた．しかし，当時はまだ筋収縮のメカニズムが十分解明されたわけではなく，両者とも仮説の上に立っていたので，両者の実験結果の相違はあまり意味がなかった．マイヤーホッフの弟子のナハマンゾーンによると，実験観察の少しの差を周囲が取り上げて誇張していたきらいもあるという．むしろ，両者の間の差異は，一般的な研究の進め方と基本的な考え方の根本的な違いであるという．

　エムデンにとっては，筋収縮の根本的な機構はコロイド化学的な過程である．化学反応の本質的な機能は筋収縮に使われるエネルギーの貯蔵である．彼は，マイヤーホッフらが熱交換の測定にとらわれることに対しては繰り返して疑問を表明した．これに対

してマイヤーホッフは基本プロセスの性質についてはあまり重きを置かなかった．彼は化学反応の熱変化の測定は技術と実験条件の改良によって正確になっていくものと考えていた．マイヤーホッフは，熱変化は生化学者にとって，重要な指標であると考えていたので，彼はそれを無視する事が出来なかった．彼は化学反応を分析する事によって，熱変化を説明しようとした．彼の革命的な発見は，1926年から1933年に行われた二種類の高エネルギー結合を持つリン酸誘導体の発見で，高エネルギー結合は弟子のリップマンによって理論化された（1953年ノーベル賞）．

　第二に，各単反応によって放出されるエネルギーをマイヤーホッフは重要視していた．彼はそれが連続するエネルギー伝達への手掛かりになると考えていた．

　マイヤーホッフはエムデンより10歳若く，それが熱力学という学問が急速に始まり，発展する時期になっていたという事である．生体エネルギー学が本質的で重要であると考えたマイヤーホッフは，1912年に1年間物理化学を勉強している．彼は生体エネルギー学は本質的でかつ決定的なもので，細胞機能のエネルギー源は究極的には酸素であると考えていて，酸化の研究をオットー・ワールブルグと共同研究した．彼は細胞の生物学と化学に魅かれ，それが高じて，一般的な生体エネルギー論にまで興味を示すことになり，それにより彼は誰をも凌ぐこの方面の開拓者になった．

　エムデンとマイヤーホッフのグループは，相互に信頼を持っていたという．ナハマンゾーン自身はいつもエムデンの共同研究者達と多くの心地よい経験を共有する事が出来たという．彼らは相

互に科学的な興味を持ち，実験観察や理論の相違を超えて付き合い，そこには大変友交的な雰囲気が漂っていたという．

エムデン―マイヤーホッフ経路

　マイヤーホッフのグループとエムデンらによる発酵の研究によって，1932年頃までに膨大なデータの蓄積が見られたが，発酵過程の全容の解明には至っていなかった．それは，炭素数が6個の化合物であるグルコース（C_6）が，同じ炭素数6個のフルクトース-1, 6-二リン酸（FBP = Fructose-1, 6-Bis-Phosphate）になった後，どのようにして，炭素数3個の化合物である乳酸や炭素数2個の化合物であるアルコール（エタノール）に変換されていくのか？という疑問が解けていなかったからである．

　この疑問に対して，グスタフ・エムデンは自分自身の研究をもとにグルコースから生成するフルクトース-1, 6-二リン酸（炭素数6個のリン酸化合物）が，2つの（C_3化合物）に開裂する過程を考察した．この酵素は後にマイヤーホッフによって発見され，アルドラーゼと命名された．エムデンはイヌの筋肉で乳酸の生成を研究していたが，彼は乳酸生成が筋収縮にやや遅れて生ずるとして，マイヤーホッフの乳酸学説（筋収縮のエネルギーが乳酸生成によって供給されるという学説）を批判していた．

　エムデンもユダヤ人だったが，第一次大戦では愛国的な軍医として西部戦線に出陣した．彼は退役後はフランクフルト大学で研究を再開したが，ヒトラーがユダヤ人の追放を始めると講義を阻止された．彼は傷心のために休養を取ったが，7月に大腿静脈に

できた血栓で急死した（自殺とも言われる）．そのため，エムデン
は自分が作った理論モデルを検証することなく亡くなった．その
後の 5 年間にマイヤーホッフ一派により，エムデンのモデルが検
証された．そのため，解糖系は"エムデン—マイヤーホッフ経路"
と呼ばれる．エムデンはもう少し長生きしていたら，当然，ノー
ベル賞を受賞していたと思われる．

　以下，「エムデン—マイヤーホッフ経路」（EM 経路，エネルギー
獲得主経路）の仕組みを見てみよう．この部分が難解な様であれ
ば，マイヤーホッフの「乳酸学説」の進化（61 頁）まで飛ばして
読んで下さい．

エムデン—マイヤーホッフ経路における糖のリン酸化

　EM 経路の最初は六炭糖（グルコース）からのグルコース-6-リ
ン酸を生成する反応で，酵素ヘキソキナーゼ（リン酸化酵素）の
作用で，3 個のリン酸を持つ ATP 分子の末端にある高エネルギー
（~）結合のリン酸基（Ph） 1 個がグルコースに移動して，その
C-6 位置の炭素のアルコール性水酸基との間でエステルを作り，
ATP は ADP（リン酸基 2 個になる）になる．

　　　A-Ph~Ph~Ph＋グルコース
　　　　（ATP）

　　　　　　　　　⟶　　A-Ph~Ph＋グルコース-6-リン酸　［1］
　　　　　　　　　　　　（ADP）

　次の段階では，［1］で生じた，グルコース-6-リン酸が酵素グ

ルコース-6-リン酸イソメラーゼの作用で可逆的に，フルクトース-6-リン酸に変化する．

　　　グルコース-6-リン酸　⟷　フルクトース-6-リン酸　［2］

　このフルクトース-6-リン酸はさらに EM 経路の流量を決める酵素ホスホフルクトキナーゼによりフルクトース-1,6-二（ビス）リン酸になる。この過程でも ATP が利用される．

　　　フルクトース-6-リン酸＋ATP　⟶
　　　　　　　　　　フルクトース-1,6-二（ビス）リン酸＋ADP　［3］

注：2分子のリン酸基（Ph）が C-1 と C-6 に離れて付いている場合を
　　ビス（bis），連続して付いている場合はジ，またはダイ（di）という．

EM 経路における三炭糖リン酸の生成

　［3］で生成した，フルクトース-1,6-二（ビス）リン酸は次の段階で，酵素アルドラーゼの作用で，炭素鎖が C-3 と C-4 の間が切断されて，ジヒドロキシアセトンリン酸とグリセルアルデヒド-3-リン酸が生成する．

フルクトース-1,6-二（ビス）リン酸　⟷　グリセルアルデヒド-3-リン酸
　　　　　　　　　　　　　　＋ジヒドロキシアセトンリン酸　［4］

EM 経路における三炭糖リン酸の酸化

　フルクトース-1, 6-二（ビス）リン酸の開裂によってできた 2 種類の三炭糖リン酸のうち，その後のエネルギー獲得のための主反応経路に関係するのは，グリセルアルデヒド-3-リン酸である．

　ここからの数段階が，エネルギー獲得経路として一番大事なところで，ここで無機リン酸が取り込まれ，それが高エネルギーを持つリン酸結合に変化するのである．おまけにここで生体内の酸化還元反応をつかさどる NAD^+ が絡んで来て，ピルビン酸の生成を通して，最終的に乳酸やアルコールの生成にまで，反応を進めるのである．

　　グリセルアルデヒド-3-リン酸＋H_3PO_4＋NAD^+
　　　　　　　　　　　　　（無機リン酸）

　　$\longleftrightarrow$　1, 3-ビスホスホグリセリン酸＋NADH　［5］
　　　　　　　　　（C-1 位のリン酸は高エネルギー結合）

　この反応は NAD^+ に関連しているグリセルアルデヒド-3-リン酸脱水素酵素の作用で脱水素されてアルデヒドが酸になるが，単純な脱水素反応ではなく，無機リン酸の存在が不可欠で，生成物は 1, 3-ビスホスホグリセリン酸になるが，無機リン酸が C-1 の位置に付加するとともに高エネルギーリン酸結合（~Ph）になる重要な反応である．この高エネルギーリン酸結合（~Ph）は，次に示す共役反応で ADP に渡されて，ATP が生成する．

1, 3-ビスホスホグリセリン酸＋ADP

　　　　　　⟷　　3-ホスホグリセリン酸＋ATP　　[6]

　この反応は，酵素ホスホグリセリン酸キナーゼによって，C-1
の位置にある高エネルギー結合のリン酸基（~Ph）が，ADP に移
され，ATP が作られる．

　　3-ホスホグリセリン酸　　⟷　　2-ホスホグリセリン酸　　[7]

　この反応は，酵素ホスホグリセリン酸**ムターゼ**によって触媒さ
れ，C-3 の位置にあるリン酸が C-2 の位置に移されるように見
える．しかも，この場合のリン酸結合はどちらも普通のものであ
る（高エネルギー結合ではない）．ところが，コリ夫妻が，C-2 と
C-3 の位置に同時にリン酸基の存在する触媒量のグリセリン酸
-2, 3-二（ビス）リン酸が反応の進行に不可欠である事を発見した．
その結果，この反応のリン酸基の移動を行なうムターゼは 2 種類
あるのではないかと考えられている．

　　2-ホスホグリセリン酸（高エネルギーリン酸結合）

　　　　　　⟷　　ホスホエノールピルビン酸＋H_2O　　　　[8]

　この反応は，酵素**エノラーゼ**によって触媒され，C-2 の位置
にあるリン酸基（普通のリン酸結合）は，C-2 の位置のままで高
エネルギー結合に変化する．この高エネルギー結合のリン酸は，
次の反応で，ADP に移されて，ATP が生成すると共にホスホエ
ノールピルビン酸からピルビン酸が生成する．この一連の反応で，
酸化還元反応とリン酸化が同時に進行するのである．

ホスホエノールピルビン酸＋ADP
　　　　(PEP)

$$\longrightarrow \quad ピルビン酸＋ATP \quad [9]$$

　こうして生成したピルビン酸から酸素のない環境（嫌気的）では各々**乳酸**と**エタノール**が造られる.

$$ピルビン酸＋NADH \quad \longrightarrow \quad 乳酸＋NAD^+$$

$$ピルビン酸 \xrightarrow{デカルボキシラーゼ} アセトアルデヒド＋CO_2（炭酸ガス）$$

$$アセトアルデヒド＋NADH \quad \longrightarrow \quad エタノール＋NAD^+$$
　　　　　　　　　　　　　　　　　　　　　　（アルコール）

　生物によるエネルギー獲得手段は，①光合成，②呼吸，③発酵である.光合成は太陽エネルギーの一時的な転換であって，生物はそれによって得られた有機物をより簡単な物質に分解する事により，遊離されてくるエネルギーを利用して生活している.ヒトを始めとする動植物によって行われている酸素呼吸は,酸素(O_2)を利用して，有機物質に潜在するエネルギーを利用可能な形に転換する手段であるが，微生物によっては酸素の代わりに種々の無機の酸化剤を利用してエネルギーを得ているものもいる.これは無酸素呼吸と呼ばれる.微生物による解糖とか発酵と呼ばれる過程にも酸化還元反応が含まれていて，微生物はこれによってエネルギーを取り出している.

　62頁の図に示すように，グルコースは2個のATP（エネルギー物質）を使って，フルクトース -1, 6- 二（ビス）リン酸になり，これは2種の3炭糖リン酸になる.このうちの一つグリセルアルデヒド -3- リン酸だけが解糖系のエネルギー獲得主経路を通して，ピルビン酸まで変化していく.ジヒドロキシアセトンリン酸

もやがてグリセルアルデヒド -3- リン酸に変化して，ピルビン酸になっていく．それから筋肉は収縮や弛緩のエネルギーを得て，人はアルコール（エタノール）を得て，元気になるのである．

　次頁に ATP によるリン酸化と NADH による酸化還元反応を加えた図を入れる．

マイヤーホッフの「乳酸学説」の進化

　マイヤーホッフの乳酸学説は，筋収縮のエネルギー源は，乳酸生成によるというものであった．しかるに，この説に対する反証があちこちで現れてきた．

　イギリスロンドン大学のエグレントン夫妻が，発酵液の研究の過程で不安定なリン酸化合物（彼らはこれをフォスファーゲンと呼んだ）が存在する事を明らかにした．夫妻はロンドンのヒル博士の研究室で助手をしていたので，彼らの研究結果は直ちに有名になった．

　また，エムデンは，解糖の中間体として，AMP（アデノシンモノ（一）リン酸，リン酸を 1 個含む物質）を発見した（1926）．

　さらに，マイヤーホッフ研究室の助手をしていたローマンは，筋肉から無機ピロリン酸（P-P，即ちリン酸が 2 個結合した物質）を発見した．

　こうして，アルコール発酵の過程にはリン酸化合物の存在が重要である事が解ってきた．即ちグルコースが発酵されてアルコールになる過程でリン酸化合物に変換される事が明らかになってきたのである（1926~7）．

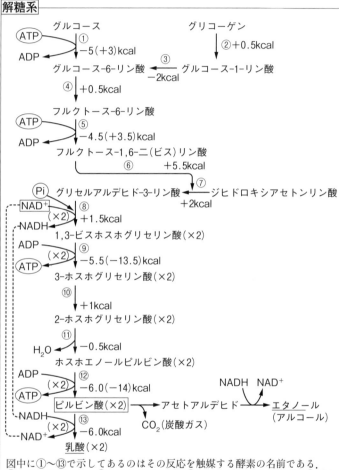

解糖系

図中に①〜⑬で示してあるのはその反応を触媒する酵素の名前である. ①ヘキソキナーゼ, ②ホスホリラーゼ, ③ホスホグルコムターゼ, ④グルコースリン酸イソメラーゼ, ⑤フォスフォフラクトキナーゼ, ⑥フラクトースビスリン酸アルドラーゼ, ⑦トリオーズリン酸イソメラーゼ, ⑧グリセルアルデヒド−3−リン酸デヒドロゲナーゼ, ⑨ホスホグリセリン酸キナーゼ, ⑩ホスホグリセリンサンムターゼ, ⑪エノラーゼ, ⑫ピルビン酸キナーゼ, ⑬乳酸デヒドロゲナーゼ

　マイヤーホッフは筋収縮の際に乳酸の生成がなくても，同時に存在する不安定なリン酸化合物が分解している事を知り，このリン酸化合物が動物の筋肉中に広く存在するかどうかを調べるために，ローマンと共にナポリの臨海実験所へ向かった．日頃から実験室を離れる事のなかったマイヤーホッフが急にナポリ行きを決心したので，研究室員の誰もが驚いたという．

　マイヤーホッフとローマンは，カニの筋肉からリン酸化合物を得て，それがアルギニンリン酸である事を確定した（1928）．それ以降，マイヤーホッフは，リン酸化合物の発生熱を測定する事にした．マイヤーホッフとローマンは，1モルのクレアチンリン酸やアルギニンリン酸を分解すると約11〜12キロカロリー，ATPは12キロカロリーの発熱をする（普通のリン酸化合物では3キロカロリー程度）という重要な結果を得た（1927）．

　この結果から，マイヤーホッフは発酵や解糖のエネルギーは，乳酸生成から発生するのではなく，リン酸化合物類からではないかと予感した．

　ローマンはウサギの筋肉からATP（リン酸3個を含むエネルギー物質）を単離して，それについての論文をドイツの自然科学誌8月号（1929）に発表すると共に，同年アメリカボストンで開かれた国際生化学会議で報告した．エムデンが発見したAMPに，リンを2個含むピロリン酸が結合した物質がATP（AMP~P~P，リンを3個含むトリリン酸でエネルギー物質）となる．

　アメリカボストンにあるハーバード大学のフィスケとサバロウは，1927〜28年時点でATPを得ていたらしいが，なぜか彼らは発表しなかった（彼らは無機リン酸の測定法を開発した．この方法

は広く使われていて，筆者らも発酵過程の解析によく利用した）．ボストンの国際生化学会議に出席していたフィスケは，ローマンのATP発見の講演を聞いて初めて事の重大さに気が付き，自分たちが先にATPを発見していたと抗議して，特別に，国際会議の最終日に共同研究者のサバロウが追加講演をする事になった．彼らの論文は，1929年10月にアメリカの「サイエンス」誌に発表されたが，時すでに遅くATP発見の栄誉はローマンのものとされている．

マイヤーホッフ研究室の空気

マイヤーホッフは細胞の機能をエネルギー獲得の立場から考えていた．彼は，種々のタイプの筋肉あるいは微生物類に類似の反応があることを証明した．酵母や高等生物ではエネルギー源としてATP（アデノシントリ（三）リン酸の事で生物のエネルギー物質といわれる）が使われるが，ADP（アデノシンダイ（二）リン酸）からATPを再生する際のリン酸源として，無脊椎動物ではアルギニンリン酸が，脊椎動物ではクレアチンリン酸が同じ役割を担っていることを明らかにした．彼の偉大さは，創造性，理論的な洞察力，新しいアイディアに対する寛大さなどにある．彼の学説がデンマークのルンズゴールにより反証されたときには，直ちに立会い実験をして，自らの説を訂正した．日本から留学していた岩崎憲（金沢大）によると，マイヤーホッフは酒も飲まず煙草も吸わず，趣味ももたなかった．無口で，教室員と雑談することもほとんどなく，話といえば研究のことに限られていた．その研究上

の話でさえ，ほんの要点を立ち話するにとどまり，精々2〜3分，長くても10分を超すことは希だったという．頭脳極めて俊敏，僅かに片言隻語を聞けば，相手の言わんとすることの核心をつかみ，説明的な言葉が出ると，すぐに“Ich verstehe schon.”（ドイツ語で「分かった，分かった」）と，そこを飛ばして話を核心に飛躍させるのが常だった．そんなことから“Ich verstehe schon.”という言葉は研究室員たちも真似をして，一種の研究室用語となった．マイヤーホッフは，いつも「研究するには，人の仕事の後を追うな，新しい領域を自分の手で拓け」と言った．

　ヒトラーが非アーリア人（主としてユダヤ人）の排除を開始し，ナチスの「指導者原理」が大学に導入されると，内相フリックの指令で，科学者も学生も講義や講演を始めるときは右手を高く掲げて「ハイル・ヒトラー（ヒトラー万歳！）」と挨拶をすることが義務づけられた．しかし，政治に全く関心のなかったマイヤーホッフは，昼は生化学，夜は哲学研究に没頭する毎日であった．マイヤーホッフが所属したカイザー・ヴィルヘルム研究所（KWI）は最も生産的で，しかも素晴らしい弟子や共同研究者たちに恵まれていた．ナハマンゾーン，リップマン，ブラシュコ，ルヴォフ，ウォルド，オチョアらで，そのうち4人が後年ノーベル賞を受賞した．

コラム
ウズホールの海洋生物研究所
column

　ボストン（アメリカ）から車で2時間ぐらいのところにウズホール海洋生物研究所がある．ここは19世紀の終わりにロックフェラー財団の援助で建てられた．立派な図書館もでき年中無休で24時

間電気がついていた．第二次世界大戦中はヨーロッパ旅行が出来な
かったので，夏になると世界中から科学者が集まってきて，研究を
したり，論文を書いたり，セミナーを開いたりしていた．毎年30
人以上のノーベル賞学者がこのウズホールに滞在するといわれ，町
中何処でも半ズボンにポロシャツ姿の科学者に出会うことが出来た．

　夏のウズホールには宿泊設備もあり，予め事務所に申し込んでお
くと誰でも泊まることができる．筆者は1980年の夏に旧知の松本
浩一博士と出かけたことがある．部屋はそれほど豪華なものではな
かったが，網戸があって，虫などを防いでいた．事務所で鍵を借り
て，後はゆっくり自分の部屋でくつろぐことができた．周辺にはい
ろいろな店が出ていて，買物を楽しむこともできた．マイヤーホッ
フと妻のヘドウィックは，毎年2カ月間そこで過ごすことにしてい
た．知的で開放感に溢れ，多くの友人に囲まれた生活を彼らは愛し
て，あたかも別荘のように思っていた．ナハマンゾーンやオチョア
夫妻もここにきていた．特にオチョアと夫人のカルメンはマイヤー
ホッフ夫妻と数年間をここで一緒に過ごした．マイヤーホッフはオ
チョアを自分の研究室に居た若手の研究者の中では最も優秀な男だ
と考えていたので，彼が生化学会で急速に有名になっていくのを誇
りに思っていた．

　ウズホールには，ビタミンCや筋肉の研究で有名なセントジョル
ジが一年中ここに滞在して研究をしていた．彼はこの時期にガン
細胞で，メチルグリオキサールが重要な役割を演じていることを明
らかにし，過酸化脂質の研究にも手を染めている．彼に就いては，
量子生物学者マイケル・カシャが「セントジョルジの後半生は，偉
大な発見をするよりは，大胆な試行錯誤を通じて次の世代に刺激を
与えた点に意義がある」と言っている．釣り好きのセントジョルジ
自身「魚釣りをするとき，私は大きな釣り針を使う，小さな魚を釣
るくらいなら，大きな魚を逸したほうがいいからだ」．これと似た

ことを DNA の構造を決めたワトソンも若い頃に言っている．「そこらの普通の教授になるよりは，何か大きなことをしたい」といって彼はイギリスに行ったのである．やはり，大志を抱くことが大事なのかも知れない．

　マイヤーホッフ夫妻は毎年夏にはこの研究所に滞在し，アメリカの生化学者達と親しくなり，その威厳と英知で彼らに深い感銘を与えた．1949 年のウズホールで，ノイベルグ，ワールブルグなど多くのノーベル賞受賞者が集まって撮った写真が残っている．マイヤーホッフは初めての心臓発作をこの地で経験した．（**口絵 4**）

第Ⅳ章 | *Chapter IV*

マイヤーホッフをめぐる旅

　マイヤーホッフの事を調べるために，筆者は関係者に手紙を出して，彼に関する情報があれば何でも教えて欲しいという事をお願いした．ほとんどの人々が親切に色々な事を教えてくれた．中でもマイヤーホッフ研究室の誠実な助手といわれたシュルツ氏が，マイヤーホッフには長男，次男，長女の3人がいるので，連絡を取ってみるようにといって，彼らの住所を教えてくれた．

　また，コロンビア大のナハマンゾーン教授，ロックフェラー大のリップマン教授らはマイヤーホッフの門弟の方々で，高齢にも拘らずお元気で，若い日のマイヤーホッフ研究室の事を教えてくれた．ただ，その過程で，研究室内の人びとの間に存在する溝の深さも感ずることになった．

　晩年のマイヤーホッフの世話をしたグレヴィッチ医師夫人は，心臓発作や入院中の様子などを語ってくれた．

　旅の記録はまず，長女のエマーソン夫人に会ったところから始めよう．

マイヤーホッフの長女エマーソン夫人に会う

　1978 年 6 月 3 日（土）：天気は良好，予定通り 10:15 にサンフランシスコに到着した．時差 8 時間．アメリカへの入国手続きはここで済ませることになっていた．空港から，フォレスト博士に電話をして，後日の面会の予約を取った．この人は有名なノイベルグ博士の娘さんでこちらの病院の研究所で働いているということだった．この時は，サンフランシスコで乗り換えて（12 時発），13 時 45 分にシアトルに着いた．

　ロビーに出て，どうしようかなあと考える暇もなく，一人の白髪の女性が「Are you Dr. Kimura?」と尋ねてきてくれた．これが，エマーソン夫人だった(1919 年生まれ)．彼女の車に荷物を積んで，取り敢えず宿泊予定の，ベンカロールモーテルにチェックインして，その後，彼女の家に案内してくれた．これは郊外の高台にあって市内が一望できた．彼女は医学を専攻したが，これは母（即ち，マイヤーホッフ夫人）のメイの忠告に拠るとの事だった．

　オットー・マイヤーホッフは 1922 年のノーベル賞を貰ったが，実際の受賞は，1923 年になったとのことで，賞状の日付は 1923 年 10 月 25 日になっているという．この賞状はマイヤーホッフ本人の意向により，娘であるエマーソン夫人が持っている．そして，メダルは兄のジェフェリーが持っているという．

　子供達は父親がノーベル賞受賞者という事で，いつも負担を感じてきたという．例えば，毎夏にウズホール研究所に避暑に行ったが，その時スイカの種をばら撒いたら，「大先生の子どもがそんなことをしてはいけない」といわれたことを覚えているという．

弟のウォーターにして
も学者になったが，ど
んなに良い仕事をして
も，ノーベル賞を貰わ
ないとだめだという脅
迫概念に付きまとわれ
ているという（その後，
筆者はウォーターさん
と 25 年間ぐらい付き合

写真9●マイヤーホッフの長女エマーソン夫人
　　　と筆者

いがあるが，彼の口からはこの種の話を聞いた事はない）.

　父親は warm humanity を持った人だったが，他方，大変 strict で
あったという．スキー旅行や博物館に行く時も父マイヤーホッフ
はいつも教育的だった．実験助手のシュルツとは，教授と助手と
いうより人間関係の絆で結ばれていたという．このシュルツは，
マイヤーホッフ一家がドイツを離れ，ナチスによってその家財が
競売に付された時，近所の誰がそれを買ったかを記録しておいて，
戦後にそれらを買い戻したという．

　マイヤーホッフの共同研究者で，一緒にノーベル賞を貰ったイ
ギリスのヒル博士とは家族付き合いがあったらしく，ヒルの娘
ジャネットは，エマーソン夫人より 6 歳年上で，二人は仲がよかっ
た．マイヤーホッフは，はじめは娘に医者になるようにといって
いたが，二人の娘たちが医学を専攻したいということになった時
には，マイヤーホッフとヒル博士から，女性に教育をしても結婚
してしまうと無駄になるといわれた，という．矛盾しているよう
だが，これが父親としての娘に対する感慨なのかもしれない．

1938 年にマイヤーホッフはスイスからパリに出たが，この年の 11 月にエマーソン夫人はアメリカのフィラデルフィアに来たという．マイヤーホッフは同年ドイツを離れ，2 年ほどパリで研究生活をしていたが，1940 年にナチスがパリに侵攻して来た時，マルセイユに逃げ，そこからピレネー山を通ってスペインに脱出，そこからアメリカのフィラデルフィアに渡った．このとき次男のウォーターも南フランスにきていたが，両親とは別れて，フランスに残った．

マイヤーホッフの高弟，ナハマンゾーン教授

13 日（火）：10 時半のアポイントメントで，コロンビア大学のナハマンゾーン教授を訪問した．大学は，ハーレムの横 168 番通にある．

ナハマンゾーン教授はマイヤーホッフの高弟で，自らマイヤーホッフの息子と称している人物だった．筆者とはそれまでに文通があったほか，若い頃のマイヤーホッフ研究室での同教授の写真を何枚も見ていたので，初対面の感じはしなかったが，流石にこの時は好々爺という感じがした．当時すでに 79 歳だったと思われる．マイヤーホッフの事になると当時のことをいかにも懐かしく回想されている様に，熱心に喋られた．オチョア博士（1959 年ノーベル賞）とは親友で，今も行き来があるとの事だった．

マイヤーホッフは，オチョアを大変高く評価していて，研究室では彼が一番頭が良いと言っておられたという．オチョアはスペイン人で，白髪長身，端正な容貌の持ち主だった．小生も大阪大

学で彼の講演を聞いたことがある．物静かで独特の雰囲気が今も
ありありと印象に残っている．

　ナハマンゾーンは，マイヤーホッフのことに関しては，全てに
心酔していて，悪い事はまったく聞き出せない感じだった．例え
ば，ATPの研究について，スイス人のマイヤーが不満を持って
いる事などは，関係者ならよく知っている公然の秘密だったので，
それについても実情を聞きたいと思っていたが，全く聞き出せな
い雰囲気だった．他方，彼は同じニューヨークにいるロックフェ
ラー大学のリップマン教授（1899-1986，1953年ノーベル賞）に対
しては，あまりよく思っていない様で，リップマン先生がマイヤー
ホッフのことについて何か悪い事を喋るのではないかという疑心
暗鬼な気持ちを持っておられた様だった．そんな事を全く知らな
かった筆者は，彼がニューヨークで誰に会うのかと聞いてきたの
で，次の日にリップマン教授やグレヴィッチ女史らを訪ねる事を
言ってしまった．そのため，ナハマンゾーン教授はリップマン教
授がどんな話をするのか大変心配されたようだった．翌日の午後，
小生が，グレヴィッチ女史を取材中に，ナハマンゾーン博士から
電話が掛かってきて，フリッツ（リップマン先生の事）は何かマ
イヤーホッフの悪口を言わなかったかと聞いてこられた．小生は，
事情が分かったので，「リップマン先生は何も言われなかった」
と答えたところ，電話の向こうでナハマンゾーンのホッとした息
遣いが伝わってきた．実はそのリップマン先生は，小生の質問に
対してその都度丁寧な返事の手紙をくれて，一番誠実で人格的に
も立派な人物であることが分かっていたのであるが……．

　こうして図らずも筆者は，マイヤーホッフ門下生の中で，ナハ

マンゾーンとリップマンの不仲を知ることになった．さらにナハマンゾーン教授は，TCAサイクルの研究で有名なクレブス教授（1953年ノーベル賞）からの手紙を筆者に見せてくれた（右頁参照）．それは，クレブスからのナハマンゾーン宛の手紙で，「日本の木村教授がマイヤーの事を聞いて来たら，マイヤーはおかしい男だ」と言うように指示したものであった．マイヤーはスイス人で，マイヤーホッフの研究室で，ATP（生物のエネルギー物質）発見のきっかけを作った人物である．

　こういう事実を考え合わせると，マイヤーホッフ門下生の間で，いろいろな確執があり，ナハマンゾーンを中心とするマイヤーホッフシンパの間では，マイヤーホッフのマイナス面は全て，隠蔽するようになっていた感じがある．マイヤーホッフ自身は他の証言から，"誠実でナイーヴ"な人物であることは充分わかっているので，彼自身がそのようなことを指示したとか画策したとは考えられないが，門下の人々の人間模様は興味深い．

　ところで，丁度その頃，ナハマンゾーン教授は本を書いていた．題名は「German-Jewish Pioneers in Science 1900-1933」．次の年には出版になるので，一冊謹呈しようということだった．実際，この本は，翌年に出版され，約束通り送って頂いた．ただ，この本の中に，オチョアとクレブスの写真は出ているが，リップマンの写真は出ていない．

　筆者の見解では，マイヤーホッフ自身の一番重要なテーマである「細胞のエネルギー論」のテーマを発展させ，高エネルギー結合の概念を打ち立てたリップマンこそが研究の真の継承者であると考えられるので，この点に関しては好々爺のナハマンゾーン教

METABOLIC RESEARCH LABORATORY

From
H. A. Krebs

NUFFIELD DEPARTMENT OF CLINICAL MEDICINE

Radcliffe Infirmary,
Oxford
OX2 6HE

Telephone Oxford 49891, Ext. 244

10 October 1977

Dr. D. Nachmansohn,
Department of Neurology,
630 West 168th Street,
College of Physicians & Surgeons,
Columbia University,
New York,
N.Y. 10032,
U.S.A.

Dear David,

Of course the comments of Karl Meyer are nonsensical. I do not remember ever having discussed the subject matter with him. We all know that he has had many grievances throughout his life, in particular he felt that he had been very unfairly treated and exploited during the early stages of his career. So please discount what he has said about me, and I think it is important that you inform the Japanese Professor of the very biased views of his psycho-pathic personality.

I am delighted to know that Ruthie is doing well and that her prospects are excellent.

Warmest greetings.

Yours affectionately,

Hans

H. A. Krebs

H.A.Krebs　　1977

親愛なるデイビッドへ　　　　　　　　1977／10／10

　勿論、カール・マイヤーの話はとるに足らぬものです。私はそのような問題で彼と話した覚えはありません。我々は皆彼がいつも多くの不平を持っている事を知っています。特に彼は若い時代に不当に扱われ、利用されたと思っています。
ですから、彼が私に就いて云った事は無視して下さい。私は貴方が彼の精神異常とも云える人格からくる大変偏った見解について、その日本の教授（木村光）に説明しておく事が重要であると思います。

H. A. クレプス

授の偏狭さは大変残念な気がする.

リップマン教授を訪問

　14日（水）：午前中にロックフェラー大学のリップマン教授を
訪問した. 先生は, 筆者らが ATP 関係の研究をしていることを
ご存知で, 最近のホワイトヘッドらの論文を見せて, 先生が自ら
部屋を出てコピーを作ってきて下さった. これまで何度かの文通
で必ず丁寧な返事をくれたので, この人は大変誠実な人だという
ことが分かっていたが, 会ってみてなおさらその感を強くした.
リップマンは, ハイデルベルグの新しい研究室に 8 ヶ月いたとの
事である. まず, マイヤーホッフとワールブルグの共著論文「Ueber
Atmung in abgetoteten Zellen und in Zellfragmenten」のあることを教
えられた. ワールブルグは, 主としてテクニシャンを使い, 自分
のアイディアで仕事をした. マイヤーホッフが, 1922 年（実際は,
23 年）にノーベル賞をもらったのに対して, ワールブルグ（1931
年ノーベル賞）がなかなか貰えなかった理由を聞いたところ, 即
座に,『スウェーデンのオイラーが邪魔をしていたからだ』とい
う返事が返ってきた. 普通時のリップマンは大変もの静かで, ゆっ
くりした口調で語られたが, この時の口調ははっきりと断定的に
言われたので, こちらがハッとする位だった.
　マイヤーホッフが共同研究をしていたイギリスのヒル博士は物
理学者で, 素晴らしい人（fine man）だったとの事. ウイルステッ
ター（1872-1942, 当時の最大の有機化学者）は酵素の結晶化はしな
かった. ウイルステッターの研究室にいたリチャード・クーンは

大変野心的な人間で，どんなことにも関係しようとしたという事だった．クーンは偉大な有機化学者として知られているが，知人のハンス・カーンマン（NIH）の話では，ナチの協力者だったという．マイヤーホッフの息子であるウォーター・マイヤーホッフも同じ見解だった．クーンの第二次大戦中の行動については，すでに紹介した通りマイヤーホッフ自身の手紙も残されているので，アグレッシブな人物で，いつでも主流に乗り換える，ずるい人間のようだ．筆者は，音楽指揮者のカラヤンの事を思い出した．彼も何度（多分3回）もナチスに入党したといわれ，出世のためには何でもやる男と思われている．『存在と時間』の著書で有名な哲学者のハイデガーもナチスの協力者として一時ナチスの旗を振った事から戦後にその行動を追及されている．人間はある状況に置かれた時，どのような行動をとるかを常日頃から心得ておく必要を感じる話である．

　最後に，リップマン先生からマイヤーホッフの片腕といわれたカール・ローマンがこの年（1978）の4月に亡くなったことを教えてもらった．

マイヤーホッフが心臓発作で倒れた状況をグレヴィッチ夫人から聞く

　マイヤーホッフが心臓発作で倒れた時に世話をした医師の夫人マリンカ・グレヴィッチが，ニューヨークのセントラルパークのそばのアパートに住んでいるというので，その日（14日）の午後，取材に訪ねた．ここはビートルズのジョン・レノンが暗殺されたところに近く，危険な場所という事だった．彼女がマイヤーホッ

フに会ったのは，1941年のウズホール海洋生物研究所でのことで，かつて，ハンガリーの生化学者セントジョルジ（1893-1986, 1937年ノーベル賞）が，アメリカへ亡命して筋肉の研究室を持っていたところである．ここはヨーロッパのナポリ臨海研究所に習って，第二次大戦後はアメリカの研究者達が避暑を兼ねて夏を過ごした所である．ノーベル賞級の学者が，海水パンツ姿でそこらをうろうろしていて，図書館は24時間オープンしていた．ただ，冬には猫の子一匹居なくなるといわれた．

　マイヤーホッフも，ナハマンゾーンやオチョアらの家族と毎年ここで夏を過ごした．第二次大戦後，ワールブルグらがここを訪れ，マイヤーホッフ，ノイベルグ，セントジョルジらと一緒に記念撮影した珍しい写真（1949, **口絵4**）が残っている．

　グレヴィッチ夫人もさる人の紹介で毎年夫妻でここを訪れたという．

　1944年に，マイヤーホッフは，ウズホールで最初の心臓発作に襲われた．この時，彼女は食堂の床に懐中時計（腕時計ではない）が落ちているのを見つけた．それはいつもマイヤーホッフが愛用しているものだったので，彼の部屋へ届けたところ，彼は一人で胸を押さえて苦しんでいた．しかし，彼はあくまで冷静で静かだった．叫んだり，大げさな様子は見せなかったという．彼女の夫が応急手当をして，近くの病院に入院させた．このときマイヤーホッフ夫人は健康が優れず，彼は一人で来ていた．彼女は，ベチナ（マイヤーホッフの長女，エマーソン夫人），ナハマンゾーン夫人の3人で看病したという．彼は，2〜3ヶ月の後，小康状態を得て，ニューヨークのシナイ病院に入院した．入院中は，グレヴィッチ

夫人が，よく本を読んであげたという．それは，毎日，3-4時間ということで，リルケの詩集，アルダス・ハクスリ，トーマス・ウルフの本等の他，文学以外では，風景画などに対して，マイヤーホッフは非常な感受性を示したという．

　これらの話の中で，グレヴィッチ夫人が，マイヤーホッフを評するのに使った言葉は，accurate, precision, concentration, hardwork などというもので，マイヤーホッフの，冷静，沈着な人柄がしのばれた．

　この彼女との会談中に，ナハマンゾーンから電話があり，リップマンとの会談で，彼が何かマイヤーホッフの悪口を言わなかったか？と聞いてきた．

カナダのハリファックスに住むマイヤーホッフの長男を訪問

　1978年6月16日(金)：朝8時にニューヨークにあるニューワーク空港（同じような発音でややこしいが）を発ってボストン経由で，午後1時過ぎにカナダのハリファックスに入った．ハリファックスは漁業が盛んな所で，養殖したマグロを日本に輸出している．これは「棺おけ」といわれる箱にマグロを入れて空輸してくるのである．そんなことから，当地では水産研究所を見学した．

　マイヤーホッフの思想と生涯を調べるうちに，長男のジェフェリー・マイヤーホッフ（**写真 10**）がカナダのハリファックスに住んでいる事を知ったので，この日の夜，彼を訪問した．同氏は，ハリファックスにあるダルハウジー大学（Dalhousie Univ）の工学部長をしていたとの事で，現在はこの地で，civil engineer をして

写真10●マイヤーホッフの長男ジェフェリー氏

いるとの事だった．子供の頃に父マイヤーホッフと一緒に撮った写真などを提供してくれた．ハイデルベルグの頃の記憶がよく残っていて，父と一緒によく散歩をしたとの事である．特にハイデルベルグにはカントやヘーゲルがいつも散歩したという有名な"哲学の道"がある．スキーには，スイスのマドリンまで出掛けたとの事だった．父のマイヤーホッフは，ゲーテやリルケの詩を好んだという．

　よく問題になる「マイヤーホッフの幼いときからの友人ワールブルグは，ユダヤ人だったにも拘わらず，なぜ，追放されなかったのか?」という問いをかけてみたが,彼はがんの研究をしていて，それをヒトラーが必要としていたからだということだった．その他に，筆者が調べたところでは，ワールブルグの母親がゲーリング元帥と親しかったからだといわれている．ナチスの時代には,結構このような個人的な関係が物を言ったといわれる．まあ，これはいつの時代にもあることかもしれない．白いユダヤ人といわれた量子理論のハイゼンベルグ（1932 年ノーベル賞）なども，母親が奔走して追放を免れたといわれる．

　マイヤーホッフは，アインシュタイン（1921 年ノーベル賞），マイトナー，ハーン（核爆発の発見者，1944 年ノーベル賞）などを自

宅に招いてナチスについてよく議論していたが，いつも，**They will never do that.**（そこまではやらないだろう）というような楽観論だったという．

ラウエ（1914年ノーベル賞受賞）は大変良い友達で，いろいろサポートしてくれたとの事である．ラウエは，ドイツの地主階級の出身で，軍隊にも知人が多く，事ある毎にヒトラー・ナチスに楯突いて，多くの有名ユダヤ人を支援した．アインシュタインなども大いに援助を受けたので，アメリカに亡命したアインシュタインに会った人が誰かドイツにいる人に伝言はないかと聞いたとき，アインシュタインが「ラウエによろしく」という言葉を繰り返した．他にも誰か，という問いに対しても，アインシュタインは「ラウエによろしく」という言葉を繰り返したという．

マイヤーホッフの次男ウォーター・マイヤーホッフ教授に会う

1980年7月13日の午後，次男の**ウォーター・マイヤーホッフ教授**（**写真11**）を訪問した．同教授は，スタンフォード大学の物理学の教授で，オットー・マイヤーホッフの次男である．大学の守衛に研究室の場所を聞いて話をしたところ，ウォーターさんは最も忙しい教授の1人ということだった．彼はスタンフォード大学の中をあちこち案内してくれた．ロダンの彫刻などを飾る中庭が印象的だった．彼の話では両親ともに芸術家で，父親（マイヤーホッフ）は詩人で母親は絵が得意だったという．聞くところによると彼の息子が詩人になったとの事だった．祖父のオットー・マイヤーホッフの血筋なのかもしれない．その夜はスタンフォード

写真11●マイヤーホッフの次男ウォーター氏

大学のレストランでご馳走になった．ウォーターさんとはその後文通によって親しくなった．彼が京都を訪れた時は夜の京都を案内した．ウォーターさんは父親に一番似ているといわれるので，オットー・マイヤーホッフその人の温もりが伝わって来るようだった．ウォーターさんとの付き合いは，手紙のやり取りから始まり，父君のオットー・マイヤーホッフ博士に関するいろいろな資料を提供してもらった．

ドイツのハイデルベルグに作られた“マイヤーホッフ通”と“哲学の道”

　1999 年 7 月 5 日（月）：（快晴）9 時過ぎに EMBL（＝European Molecular Biological Laboratory, **欧州分子生物学研究所**）へタクシーで出かけた．この EMBL へ通じる道路が少し以前に命名された**“マイヤーホッフ通”**である．もちろん，筆者が調べているオットー・マイヤーホッフの事である．こういう道路が作られたという事は，第二次大戦後，彼の業績が再評価され，彼の名前が付けられたものと想像される．訪問してみると，EMBL は，ヨーロッパでも有数の生命科学の研究所だけあって，外国人の留学生も多い．外人用のプログラムを持っているので，ヨーロッパへの留学を志向す

る日本の若い人は考えていい研究所である.

　その後,久し振りに"哲学の道"を散策した.これは哲学者カントやヘーゲルらが毎日規則正しく散歩したといわれる道で,有名なネッカー河に沿って作られている.20年ぐらい前に来た事があるが,その時は時間の制約を受けて,必死に廻った思いがある.それに引き換え,今度はゆっくりした気分で廻った.歳のせいもあってか,花が咲き,鳥の囀りもゆっくり聞くことができた.

　蛇足になるが,これを真似て京都にも"哲学の道"が作られている.ネッカー河に似せて小さな川も作られた.ただ特記すべきことは,この川の水は琵琶湖から引かれたもので,この川の水だけは京都の南から北へ流れている.鴨川などとは逆に流れているのである.一般に京都は北から南へ傾斜になっているので,水はそれに沿って北から南に流れて大阪に注ぐが,京都のネッカー川は意図的に南から北へ流れていて,この付近だけは特別の高級別荘地域になっている.

マイヤーホッフが滞在したバニュルスの海洋研究所を訪問

　パリに滞在していたマイヤーホッフは,1940年にヒトラーがパリに入城して来たため,マルセイユに逃れ,其処のホテル・スプランディッドに滞在して,フライやロッシュに接触した.その後,バニュルスの海洋研究所にしばらく滞在した後,ピレネーの国境を越えてスペインに逃れ,アメリカに亡命した.何故,彼が,このような小さな港町バニュルスの海洋研究所を選んで滞在したのかを知るため,この研究所を訪問取材した.

　バニュルスはブドウの産地で，良いワインが採れるという．この汽車の行き先がボルドー行きということなので，この一帯がブドウ生産に適した土地柄なのだろう．列車は川を幾つか渡ったが，水はそれほどきれいではない．不思議なことに工場のような建物が多い．ブドウ以外の植物に適さず，地価が安いので，工場地帯になったのかもしれない．汽車は地中海の海岸線を走っているはずだが，海は見えない．

　窓の外に白い馬を所々で見るようになった．カマルグ地方の野生の白い馬を見たことがあるが，これも地中海沿岸の特色なのだろう．

　列車で乗り合わせた隣のフランス人がモンペリエに住んでいるというので，バニュルスのことを聞いてみたが，バニュルスのことは全く知らないという．彼がその向こう側に座っている若いフランス人にも聞いてくれたが，バニュルスの事は全く分からないという．なんだか狐につままれたような話である．どうも，普通は列車も止まらないような小さな田舎町のようで，逃避行のマイヤーホッフにとってはかえって非常に都合のよい隠れ田舎のようである．やがて，車窓に町の喧騒のようなものが感じられるようになり，モンペリエの近いことが感じられた．モンペリエからバニュルスは近いという事だったのでタクシーで行くことを考えたが，駅の案内係りに聞くと，とんでもないということだった．そこで，バニュルス行きの切符を買って，再び汽車に乗った．

　モンペリエ発の汽車で，2時間半かけてバニュルスへ．モンペリエを出て5分ぐらいして，左手に海が見えた．やはり，白い馬が見えた．南仏の農村地帯である．突然両側に海が見え，ついで，

左手に山，右手に海となり，一寸今まで経験したことのない景色である．

　バニュルスに着き，適当に人の入っているホテルレストラン（De La Plage）が開いていたのでそこへ入った．バニュルスワインの白を注文した．バニュルスワインは，この辺りでは有名だというが，確かに美味い．

　2013年3月4日（月）：快晴．いよいよ海洋研究所訪問の日である（**写真12**）．

　研究所の方へ歩いて行った．真っ白い新しい大きな建物で，向かって右手が研究所，左手が水族館になっているようで，その壁に大きなイルカの姿が描かれていた．丁度研究所の後ろが山になっていて，その山並みが途切れた辺りから太陽の昇ることが分かった．水平線には少し雲が出ていたが，その上はよく晴れた青みがかった空だった．漁船が多い港町なのに鳥やかもめが全くいないのは不思議に思っていたが，7時になると，後ろに広がるバニュルスの町とその背景の山の教会の鐘があちこちで鳴り出し，鳥やカモメが一斉に飛び出した．

　イーブス・デスデーヴィセス博士（Dr. Yves Desdevises）が出て来てくれた．ベルナードの友人である所長のフィリップ・レバロン博士は会議のために出張中との事で，彼が対応する事になったようである．最上階の彼の部屋は窓からの見晴らしがよく，町の背景に聳えるピレネー山脈が一望できた．彼の話では，山のあちこちに今でも見張り台があって，敵が攻め込んでこないか注意しているという．これまでしばしばスペインに攻め込まれたという

写真12●バニュルスの海洋研究所

ので, 一寸吃驚した. 日本人には全くない危機意識である. この種のことは, スイスのフィヒター教授にも聞いたことがあって, 同博士自身も家に銃を持っていて, いざというときには出陣する訓練もしているとの事だった. 陸続きの国々では, やはり何時攻め込まれるか分からないという危機意識が今でもあるようだ. 最近では日本でも, 近隣諸国との国境問題が多発しているので我々にも実感ができつつあるが, 本来, 国境とはそういうものなのだろう. 考えれば, 拉致問題も北方の四島問題もその辺りに遠因があるのかもしれない.

　このバニュルスは, Banylus sur Mer といって地中海の町であることを強調しているが, ピレネー山の麓を強調する村では, 最後にアルベール（Alber あるいは Albere）をつけて村の区別化を計っているという. 山はほとんどがブドウ畑で特別なクリュー（畑）が多いという. 魚との関係で白ワインが有名だが, 赤ワインも良い. それは昨晩検証済みである.

　イーヴス博士は, コンピューターを使って研究所の歴史からはじめて, 現在どのような研究が進行中かを説明してくれた. この研究所の創立は古く, 1881 年で, 当時ダーウィーンにいろいろな海の資料を提供したとの事で, それに対するダーウィーンから

のお礼の手紙が廊下に展示されていた.

ルヴォフの存在が明らかになりマイヤーホッフの滞在につながる可能性が出て来た

　彼の説明で重要なことが明らかになった. それは, アンドレ・ルヴォフが若い時にこの研究所にいたということだった. ルヴォフはマイヤーホッフの弟子で後にノーベル賞を受けた 4 人の内の 1 人である. 彼は, その後パスツール研究所の所長を務め, 分子生化学の分野で活躍したので, 小生も名前はよく知っているが, 彼が, 若い時にこのバニュルスの海洋研究所にいたことは知らなかった. しかも, 当時のこの研究所の所長は, シャッテン博士 (1883-1947) であったという. その生年は, 1883 年で, マイヤーホッフの一年上である. これらの人間関係から, シャッテンの推薦で, ルヴォフがマイヤーホッフの研究室で研究をすることになり, 後年, ナチスに追われたマイヤーホッフがこの研究所に滞在することになったのではないかと推定される.

　パリで幸福な日々を送っていたマイヤーホッフが, ヒトラー・ナチスの侵攻を受けて何故南仏のマルセイユに逃れて, バニュルスの海洋研究所に滞在したのかというのが, 長年, 筆者の疑問だった. その説明の一つは, ロッシュ博士が海洋研究所への紹介状を書いて, マイヤーホッフがバニュルスの海洋研究所に滞在できるようにしたのだということだったが, マイヤーホッフ自身がこの研究所への滞在を希望した節があった. 今回の訪問で, マイヤーホッフと同年代だった当時のシャッテン所長の紹介あるいは推薦で, 部下のルヴォフがマイヤーホッフの研究室に留学し, その関

係で，マイヤーホッフがこの地を選んで滞在した事が考えられる．お陰で，長年不審に思っていた小生の謎の一つは推察できる．

　イーブス博士と研究所の食堂で昼飯を食べて，水族館の中も案内してもらった．研究の仕事と水族館の世話が両立するのか聞いたところ，実はそれが大変難しいとの事だった．但し，世界各国から来る留学生の研究と教育，それに一般人の海の生物に対する興味を促進することなどがこの研究所の役目であり，政府の援助も受けて，寄宿舎の増設や公園などの慰安施設も建設中だという．

ドイツのダーレムでマイヤーホッフの記録を永久保存する事が決定

　2015年4月24日（金）：8時45分発の飛行機（LH176）でフランクフルトを発ち，9時55分にベルリンに着いた．空港でホルスト・クラインカウフ教授に会って，直ちにダーレムにあるマックス・プランク研究所にある公文書保存館へ直行した，この建物はワールブルグの研究室のあった建物で，現在はワールブルグ館と呼ばれている．ここで館長のクリスチーナ・スタルクロス博士に会って，あらかじめ用意したマイヤーホッフ小論（英語版）を見せて，内容を説明した．館長はそんな話は聞いたことがないとの事で，マイヤーホッフに関する重要資料として，公文書館に永久保存する事を言明してくれた．しかし，当時はまだこちらがこの内容を一般に公表していなかったので，発表後に論文を送ることで，同意書を作ってサインした．その後，英語版（2016年）と日本語版（2015年）を発表したので，それらを公文書館に送付した．

写真13●セカルディー教授と食事する

マルセイユでホテル・スプランディッドを探す

　2015 年 4 月 26 日(日)：ベルリン発 12 時 45 分の (LH1087) 便で，ミュンヘン経由で，夕方の 17 時 20 分に マルセイユに着いた．セカルディー教授とデラージェ教授が空港で出迎えてくれたので助かった．デラージェ教授は，マイヤーホッフ夫妻のフランス脱出を助けたジャン・ロッシュ（Dr. Jean Roche）の事をよく知っているという事だった．

　翌日，セカルディー教授とデラージュ教授が来館してホテルの 2 階（食堂の隣の別室）で，ロッシュの話をしてくれた．

　ロッシュはマルセイユ大学の生化学の教授で，1947 年にパリ大学に移ったという．専門は，二つあり，一つは脂質と酵素，もう一つは生物起源のアミンの研究で，T 1，T 3 と命名された物質の研究をやっていたという．この話し合いの後，デラージュ教授は去り，小生とセカルディー教授の二人で，近くのラファエット・グルメというレストランで食事をした．セカルディー教授に

よると昔は港がこの付近まで，入り込んでいたが，15世紀頃に埋め立てられ，最近その遺跡が出たとのことで，隣の博物館に出土品が展示されているという．

マイヤーホッフが一時拘束されていたミルズ強制収容所を訪問

　セカルディー教授の車で，ミルズ強制収容所を訪問した．ここの所長モゼス氏は，若い，感じのいい人物だが白髪交じりなので55〜60歳ぐらいかなと思われた．セカルディー教授が彼の父親を知っているとの事だった．到着が，3時半ぐらいになったが，もう1人の若いメルカ氏と2人で6時半ぐらいまで付き合って説明してくれた．メルカ氏は，ナチスに対する人々の抵抗運動を熱心に紹介してくれた．「Resistance is a creation」という言葉は初めて聴いたが，フランスにおける一つの伝統なのだろう．フランス革命から始まり，第二次大戦では，有名なモノー博士やジャン・コクトーなども，ナチスに対してゲリラ運動をしていたといわれる．小生もマイヤーホッフの事を調べた事から，ナチスやヒトラーのことを大分勉強していたので，話がよく分かって議論できた．会場に説明のための動画があったので見たが，ヒトラーはもちろん，ゲッペルスの肉声演説なども迫力があり，鬼気迫るものがあった．流石にこれまで見てきた写真とは迫力が違った．メルカ氏が抵抗運動の条件をいろいろ説明するので，小生が「Resistance in one's own way」といったら，彼も大いに同意してくれた．その後，会場の壁に大きく貼ってある写真を示した．それは，会議場で，全員が右手を目線の上に掲げて「ハイル・ヒトラー」

と言っている中で，只一人だけ手を挙げずに抵抗している男の写真だった．メルカ氏によると，これは最近発見されたもので，その発見者は日本の女性で，新聞にも出たという事だった．

ホテル・スプランディッドを確かめに行く

　特に今回は，セカルディー教授が，車でセントチャールス駅まで連れて来てくれて，高台（丘の上）から「あれが，**昔のホテル・スプランディッド**で，今は，**ホテル・テルミヌス**（Hotel Terminus）になっている」（P.45，46 のコラムと写真を参照）と教えてくれたので，それを再確認するためにぶらぶら歩いて行く事にした．港から，丘の上にあるセントチャールス駅まで真っ直ぐに行けばいいと考えていたが，だんだん方向が違ってきて分からなくなり，2，3 度途中で道を聞いた．

　石の彫刻が続く長い階段の上から写真を取り，眼下の角にある軽食堂に入ってコーヒーを飲む事にした．ここは，前にもコーヒーを飲んだところである．その時は知らなかったが，この歴史的なホテル・スプランディッドに一番近づいていたのである．当時は，港にある観光案内所で聞いても，ホテル・スプランディッドは港の前にある大きなホテル "Grand Hotel Beauvau" の前身だろうという事だったが，とんでもない間違いで，今，考えてみれば，港の観光ではなく，人目を忍んで，汽車でフランス国境まで行って，そこからスペインへ入ろうという時に，港の真ん中にあって目立つホテルに泊まる訳がない．

　コーヒーを出してくれた店の親父に，ここは昔のホテル・スプ

ランディッドの一部かと確かめたところ,急にご機嫌が悪くなり,そうではない,スプランディッドなんて全く知らないという.窓から道路を見ていると,隣のホテル・テルミヌスにリュックを背負った若い二人が入っていくのが見えたので,そのホテルが営業している事が分かった.そこで,軽食堂を出て,直接そのホテル・テルミヌスに入った.カウンターには誰もいなかったが,しばらくすると中年の女性が出てきたので,ここは元ホテル・スプランディッドかと確かめたところ彼女も全く知らないという.スプランディッドはスペイン語のようだから隣のホテルで聞いてみては如何かという.そこで,隣のホテルでも聞いてみたが,ここでも全く分からないという.要するに,70年ほど前の事だが,現場では,もう誰も知らないのである.

　余談になるが,「この世をば我が世とぞ思う……」と詠んだかの有名な藤原道長の墓も,70年ほどした時には雑草が生えて分からなくなっていたという話を思い出した.人間の寿命が60歳前後,或いはもっと短かった時代の出来事だから仕方がないのかもしれない.セカルディー教授が教えてくれた事を疑うわけではないので,よほどそのままにしておこうかと思ったが,要するに現場では何の証言も得られなかった.

　ホテル・スプランディッドはマイヤーホッフが海外脱出の際に泊まり,フライと出会ったといわれるホテルで,歴史的な意味があり,そのまま放置しておく訳にも行かない.そこで,セカルディー教授を疑うわけではないが,帰国してから,思い切って,同教授に手紙を出して,この日の状況を伝えて「先生は如何して,今のホテル・テルミヌスが,当時のスプランディッドと考えてお

られるのか？　何かその証拠があるのですか」と直接聞いてみた．数日して，同教授から，古い戦前の証拠写真が送られてきた．それによると正しく，Hotel Splendide の看板が屋上に掲げられているホテルのビルが写っていた．（P.46，**写真 8**）教授が如何してこの写真を入手したかは知らないが，そこまでは失礼で聞けないままになっている．

ヴァリアン・M・フライとは何者か

　フライ（**写真 14**）はアメリカニューヨークの新聞「The Living Age」の記者で，子供の頃から語学が得意で，有名な多言語をこなす学生として，ハーバード大学の入学試験にトップ 10％の成績で合格している．

　1940 年 6 月にナチスがフランスへ侵攻した際に新しく作られた民間のアメリカ救済委員会の代表として，1940 年夏，マルセイユへ急行した．1941 年 9 月まで，彼は 10 人ほどの部下と共に，パスポートの偽造，偽装，闇市場の資金利用，偽造文書，山と海のルート，その他の手段で，多数の有名人と彼らの家族をフランスから脱出させた．その数は，2000 ～ 4000 人に上るという．彼が救出した有名人の中には，小説家のトーマス・マン兄弟，画家のシャガールをはじめ文筆家，哲学者など文科系の人々が多いが，科学者としてオットー・マイヤーホッフの名前も記されている．ただし，マイヤーホッフはチェコの自然科学者（ノーベル賞受賞者）として記載されている．

　フライは絶望的な避難民を目の当たりにして，いかなる手段を

写真14●ヴァリアン・フライ（1907-67）

使っても，反ナチスの善良な人々を救う事を決心したという．彼はいう．「ホテル・スプランディッドの4階の小さな部屋で座っていると，避難民がフランスを立ち去る時にやって来る．私は金を渡し，いろいろアドバイスをして希望を持たせようとする．すでにビザを持っている人にはどうして国境を超えるかを指示して，まさに最後の瞬間に彼らの手を取って，『近いうちにニューヨークで会いましょう（I'll see you soon in New York）』というと多くの人々は，一瞬，ちょっと怪訝な顔をするが，この短い文章が，何物にも増して効果的で，殆どの人が将来に思いを馳せるような表情になった」という．

　1941年8月にフライはヴィシー政府によって追放され，スペインとの境界まで連れてこられたが，彼はスペインのビザを持っていなかったので，スペインへ入国できなかった．しかし，9月にアメリカ大使ウイリアム・D・リーヒーが彼を護送してスペインに入った．そして，その年の遅くにアメリカに戻った．フライはフランスで人々を助けた救助運動を『Surrender on Demand』(1945) という本にまとめた．それによると，彼は難民のために

何度もニューヨークの委員会に連絡して，"緊急ビザ"を直ぐに発行するように請求したという．その上，都合のいいことには，アメリカのビザは，無国籍者や故郷を持たない人（apatride, stateless person or a citizen of no country）にも有効であった．アメリカ領事館はそれらの人々にパスポートに代わるアフィダヴィット（affidavit in lieu of passport, 宣誓供述書）といわれるものを与えた．これがあれば，人々は自分自身の名前でスペインを通り抜ける事が出来たという．どうも当時フランスとスペインとの国境管理は厳しく管理・制限されていたようで，フライはスペイン国境を越えた後，出来るだけ遠く，例えば，中国，ジャワ，ベルギー領コンゴ，ポルトガルまで行くように忠告したという．フライはまた同僚ドナルド・ローリーの紹介で，マルセイユにいるチェコ国の大物某氏（Mr. or Dr. Vladimir Vochocx ?）に会い，彼から自分（フライ）が推薦するどんな人でもアンチ・ナチスの人物ならチェコ国のパスポートを有料で発行してくれる契約を結んだという．それはフランス国内ボルドーで印刷された素晴らしい物で，表紙はピンク色をしていて，緑色の古いものとは色以外では区別できなかったという．このチェコのパスポートの引き取りは同僚ローリーのいた近くのホテル・テルミヌスで行ったという．フライは週に二度そこへ出かけて行って，朝食を共にして，自分の希望する難民候補者の写真と書類を入れた封筒を渡し，交換に某氏の作ってくれたパスポートを受け取ったという．それらをホテル・スプランディッドに持ち帰って，避難民の人々に手渡したという．この説明を読むと昔のホテル・スプランディッドが今のホテル・テルミヌスだという説明は正しくない．1941年頃二つのホテルはともに存在し

ていたようで，スプランディッドは無くなったがテルミヌスは小さくなって現在でも営業している．

　1967 年 9 月 14 日のニューヨークタイムス紙によると，その前日（9 月 13 日）にフライは，コネチカット州の自宅で，心臓麻痺のために死去したと発表されている．

当時の社会情勢について

　フライはニューヨークのジャーナリストで，ナチスに反対する多くの著名なインテリ階級を助けるために，フランス・マルセイユに向った．筆者も初めは，ナチスに弾圧されるユダヤ人を救うためにフランスへ急行したのかと考えていたが，彼はユダヤ人のみならず，ドイツ人を含むヨーロッパの高名な哲学者，文筆家，小説家，詩人，画家，音楽家，彫刻家，共産主義者，科学者などを含む多くの人々を助け出すために行ったと思われる．

　現在と違って，1930 年代では，アメリカとヨーロッパの格差が大きく，知的水準からみても圧倒的にヨーロッパが上だと考えられていた様である．上記の文科系の有名人を見ると，フライ自身が文科系の人間として，上記の人々の文筆あるいは芸術活動を大変高く評価していて，居ても立ってもいられない心境から危険を冒してフランスへ直行した形跡がある．

　我々の生化学領域の関係を見ても，ハーバード大学を始めとするアメリカのアイビー大学（蔦の生えた有名大学）よりもイギリスのオックスブリッジ（オックスフォード，ケンブリッジ大学）の方が評価が高かったようで，ハーバード大学のフィスケとサバロ

ウが ATP を発見していても，ケンブリッジ大学のホプキンスと
フレッチャーあるいは，ドイツのエムデン，ローマン，マイヤー
ホッフらの業績の方が注目されやすかったようである．

　ナチスというと直ぐにユダヤ人の弾圧が考えられるが，当時の
ヨーロッパではロシア革命（1917）の直後で，ドイツの資産家階
級のなかでも共産主義や左翼思想に対する恐怖心が広がってい
た．金持ち階級は，ヒトラーを甘く見ていて，共産党よりナチス
を選んだが，ヒトラーの方が一枚上手で，国会議事堂の火事を理
由に共産党員を逮捕したりして，一気に合法的に政権を握った様
である．

マイヤーホッフのピレネー越えに関する問題点の発見

　ヴァリアン・フライが救出した有名人のリストの中にオットー・
マイヤーホッフの名前があるが，「チェコの自然科学者」となっ
ている．筆者は初め何かの間違いではないかと考えていたが，そ
れは間違いではなく，彼らがフランスとスペインの国境の税関を
通過したのは，ドイツ人あるいはユダヤ人としてではなく，チェ
コの自然科学者としてではなかったかと考える様になった．とい
うのは，マイヤーホッフはロッシュ夫人のツテでスペイン領事の
ビザを取得したが，その時，スペイン領事に「私はドイツ市民で
はなく，無籍者（apatride）だ」と宣言する事をたいへん嫌がった
という．しかも彼らのパスポートにはユダヤ人を示す "J" とい
うスタンプが押されていたという．そうなると自分自身の名前を
書いて，しかもユダヤ人である事を示すパスポートで堂々と税関

を通過できるわけがない．もしそんな事をすれば，ナチスの200名リストにも名前が載っているわけだから，税関で逮捕され，アウシュヴィッツ送りになっていたとしてもおかしくない．他方，チェコ国民としてピンクのパスポートを持って，しかもアメリカニューヨークの委員会の発行した宣誓供述書を持っているなら，スペイン国境の警備隊も逮捕する事は出来なかっただろう．

　フライの渡したチェコ国のパスポートとアメリカ・ニューヨークのお墨付きの宣誓供述書をロッシュの渡したスペイン領事が発行した無国籍者のビザと“J”の付いたドイツ人のパスポート資料を比較すると明らかに前者の方がマイヤーホッフ夫妻の身の安全は保障されている様に思われてくる．しかもマイヤーホッフはその後，アメリカ人になるのであるから，こちらの方が自然（合理的）である．

　こういう推論の結果，筆者は，マイヤーホッフ夫妻のピレネー越えは，始めはロッシュの用意したビザを持って行ったと思われるが，2度目のものは，フライの用意したチェコ国のパスポートとアメリカニューヨークの宣誓供述書で行われたのではないかと推測するに至った．

　そうすると，筆者が2015年に発表した論文で示しておいた疑問，（1）1940年10月頃の厳しい時期にマイヤーホッフ夫妻と息子のウォーター（当時18歳）の3人がロッシュと面会したことを18歳の青年が全く覚えていないという不思議が解けてくる．また，（2）一度目の越境が失敗して，マイヤーホッフ夫妻がマルセイユのロッシュに会いに行って再度のビザの発行を依頼したが，スペイン領事がそんな危険を二度としないだろうという理由

で断られ，そのまま期限の切れたパスポートで，当時は緊急事態なので，何が何でもすぐに国境を超えるように言われた事などをウォーターはあまり快く思っていなかったのではないかと思えてくる．しかも，ウォーター自身が持っていた資料から，ヴァリアン・フライの組織に世話になって国境を越えた事が明記されている事から，マイヤーホッフ夫妻はロッシュと別れてからフライを訪ねて，フライの組織の世話になったという事実との違和感が解消する．（3）フランスを出国後マイヤーホッフの御礼の電報がスペインからではなく，ポルトガルから打たれている事から，フライの忠告に従ったこと並びにスペインとポルトガルのナチスに対する姿勢の違いが見えてくる．そう言えば当時のスペインはフランコ独裁政権でナチスとも近かった．

第Ⅴ章 | *Chapter V*

マイヤーホッフの同時代人

マイヤーホッフの偉大な業績の数々は，多くの人びとに支えられたものでもあった．彼を研究の道に導いた幼友達ワールブルク，大戦中の逃避行を助けたジャン・ロッシュ，ライバルとされたエムデンや弟子のローマンなどなど……．マイヤーホッフとの交流がいかなるものだったのか，紹介していきたい．

ジャン・ロッシュ（Jean Roche, 1901–1992）とは何者か

筆者がマイヤーホッフに関心を持って調べ始めた頃（1970〜78年），関係者がすべて高齢であったので，慌てて走り回って取材を進めたが，1980年ごろには関係者からの取材が終わったので，その後はロッシュ博士との文通（1978年頃）を通して得られたデータによって後日，話をまとめる心算をしていた．当時，ロッシュ博士はパリのフランスカレッジ（the College de France in Paris）から筆者に発信されていたが，その後，如何されたかは不明だった．

2000年（筆者の定年）を過ぎて，マイヤーホッフ小論をまとめる段階になって，マイヤーホッフが大戦中の逃避行のなかで滞在した地中海のバニュルスの海洋研究所の事やロッシュ博士その人

の事をもう少し調べる必要があるのではないかと感じ始めた.

　インターネットで調べてみるとマルセイユにはジャン・ロッシュ研究所なるものが存在することが判明したが, それが, マイヤーホッフを助けたジャン・ロッシュと関係があるのかどうかは分からなかった. この研究所へ直接手紙を出してみたが, 梨(無)の礫であった. セカルディー教授によるとこの研究所はマルセイユ大学に同化されたという事だった.

　インターネットでジャン・ロッシュなる人物の事を調べていたが, 同名の人は多数いるのでなかなか分からなかったが, 次の記事に遭遇した.

ジャン・ロッシュ

モンペリエ大学卒業.
生化学の責任者としてストラスブールへ移る (1925-30).
マルセイユ医学部生化学教授となる (1931-47).
1947 年:パリのフランスカレッジの一般生物化学の責任者
　　　　となる.
1961 年:パリ大学区長
1994 年:ジャン・ロッシュ研究所がマルセイユ医学部に建
　　　　てられた.
ジャン・ロッシュは, いくつかの研究組織, 財団の委員になった. パリのキューリ研究所, イタリア CNR, その他である.

　この記録によって, 小生が 1978 年頃に文通し, マイヤーホッ

フの話を得ていた相手（Dr. Jean Roche）が，実は，偉大な甲状腺学者である Dr. Jean Roche その人であることが判明し大感激した．それは，「1947 年：Head of the Laboratoire de Biochemie generale et compare at the College de France in Paris」なる宛先が，以前にもらった手紙の封筒の記載と一致したからである．

　2013 年には筆者が長年気になっていたバニュルスにある海洋研究所を訪問した．ここはマイヤーホッフがしばらく滞在した場所だったので，なぜ彼がこの研究所を選んで滞在したのかという理由も知りたかった（研究所については P.83 〜 88 を参照）．ちょっと気になっていたことは，ロッシュがこの海洋研究所への滞在を前向きに進めたニュアンスが，ロッシュがマイヤーホッフに与えた文章の中にあった事である．これは後に分かった事だが，ロッシュがブルターニュ地方にあるコンカルノーの海洋研究所の指揮も執っていた事が分かったので，バニュルスの海洋研究所にも何か関係と興味を持っていたのかもしれない．

　この時のもう一つの疑問点は，マイヤーホッフがヴァリアン・フライに出会ったという歴史的なホテル・スプランディッドの場所を突き止める事であった（P.45 のコラム参照）が，これはこの時はかなわなかった．しかし，2015 年に再度マルセイユを訪れた際にセカルディー教授（P.89 の**写真 13**）からホテルの場所を教えてもらえる事になった．

　2015 年 4 月 26 日（日）にマルセイユを再訪問し，初めてセカルディー教授に会い，ホテル・スプランディッドを教えてもらった．マイヤーホッフが一時収容されていたというミルズ強制収容所へも連れて行ってもらった．しかしそこには，マイヤーホッフ

に関する重要な手掛かりはなかった．むしろこの収容所は，ナチスに関する色々な記録とフランス人の抵抗運動の歴史に重点が置かれていた．帰国後セカルディー教授から，ホテル・スプランディッドの証拠写真を送って貰ったが，その入手先などは不明のままであった．

　2018 年になって，解糖系に名を残しているマイヤーホッフの事をもっと広く酒に関係する多くの人々に知ってもらうために本を書く事を考える様になった．そうなると，ロッシュに関する資料も集める必要が出てきた．

　マイヤーホッフに関する小論を書いた時（2015 年『化学と生物』，2016 年『SIMB』），彼の名前を知っている発酵の専門家も名前を知っていただけで，彼がユダヤ系ドイツ人で，カント派の哲学者だった事などを知らない人がほとんどで，まして，彼がドイツ脱出後フランスのパリからマルセイユ経由でスペインまで命がけの逃避行をした事を知る人は皆無であった．

ロッシュの業績

　調べてみるとロッシュの事が，ETA（European Thyroid Association, ヨーロッパ甲状腺協会）のホームページに記載されている事が分かった．その大略は次の通りである．

　ロッシュは 1901 年にフランスのボークルューズ（Vaucluse）にあるソルガス（Sorgues）で生まれた．父親は南フランスの田舎医師であった．ロッシュは，モンペリエ大学の医学部を卒業し，始めはモンペリエに留まって，ユージンデリエン教授とエドワード

ヘーデン教授の研究室ではたらいていた．両教授は 19 世紀の終わりに，膵臓のランゲルハンス島の分泌役割について記録している．数年後にロッシュは生化学部の主任としてストラスブルグに移った（1925-30）．

　その期間に彼はイギリスやドイツの有名な研究センターに滞在している．彼はコペンハーゲンにあるカールスベルグ研究所のゼーレンゼン研究室，ケンブリッジのハーデイ卿とも仕事をしているが，次いで，短期間リオンに移った．その直後（1931）にマルセイユ医学校の生化学教授に任命され，そこに 17 年間滞在した（1931-1948）．

　彼がオットー・マイヤーホッフ夫妻と出会って，彼らのフランスからの脱出を手助けしたのは，正にこの時期である．

　研究面では，イーブスデリェンとの共同研究によって，生化学での大変刺激的な研究を展開している．お陰でマルセイユ医学校の生化学教室は急に国際的な名声を得る事になった．この同じ時期にロッシュは科学の学位をえて，薬学を卒業している．

　ロッシュはたんぱく質，特に呼吸たんぱく質に興味を持った．彼は各種の正常ヘモグロビンと病原性ヘモクロビンに興味を持ち，脊椎動物と無脊椎動物の酸素運搬タンパク質を研究した．彼はこれらのタンパク質の分子量を浸透圧計と超遠心機を用いて決定した．それはクロマトグラフィも電気泳動装置もない時代の事だった．

　ロッシュの名声はフランスの大学と科学界で急速に高まり，1938 年に彼はフランス科学界の上級評議会のメンバーに指名された．それは後程，CNRS（Centre national de la recherché scientifique,

フランス国立科学研究センター）の設立につながり，第二次大戦後，彼は CNRS の議長メンバーになった．

1947 年，彼はパリのフランスカレッジの一般生化学の責任者に指名された．これは教育と研究の最高機関であり，彼は 1972 年に引退するまでこの地位にとどまった．彼はまたブルターニュ地方にあるコンカルノーの海洋研究所の指揮も執った．ここで彼は，種々の海洋生物類の生化学的研究を行って，それらの進化的な分類に貢献した．

1950 年からは，盛んに甲状腺生化学の研究を進めた．彼は甲状腺グロブリン分子中に存在するヨードアミン類の性格付けを放射線クロマトグラフィーを用いて行った．1952 年には，共同研究者と共にラットの甲状腺加水分解物から 3, 5, 3′–3 ヨードサイロニン（T3）を同定した．

1961 年に彼はパリ大学の学長に指名された．1968 年彼は突然パリで起こったフランスの左翼学生の蜂起に直面した．この動きはすぐに国家的な政治的社会的運動になり“旧体制”を改革しようとするものだった．

1968 年のマルセイユで開催された ETA 会議に出席した古い会員たちは，会議の扇動的な雰囲気を覚えているという．彼は大学の国際関係を調節するフランス代表に指名された．

1994 年に細胞間を結ぶ生物学を志向する研究所がマルセイユの薬学部に作られ，ロッシュを記念してロッシュ研究所（Institut Jean Roche）と命名された．この研究所には 130 人の研究者，職員，130 人のポスドク学生がいた．

教師と研究者であることを別にしても，誰もがロッシュの人間

性を思い出すという. 彼は偏見のない心の広い人物で, 何時も人々のために時間を割き, 自分の経験から忠告した. 彼の外交性は多くのデリケートな問題を解決し, 困難な状況を救った. 彼はいくつかの組織や財団の評議員になった. 例えば, パリのキュリー研究所, ルイブログリエ財団やイタリアの CNR 財団などである. 彼は大変寛大で, 共同研究者と関係を保って, 若い研究者が仕事を進展させられるように刺激と支援を与えた. 科学者としてのみならず, 特に歴史と文学に幅広い教養を持っていた. 彼とアイディアを交換し, 過去の記憶を語ることはいつも楽しかったという.

　欧州甲状腺協会 (ETA) を造るときはロッシュが会長になった (1967-71).

　これらのロッシュの経歴を見ると, ヒトラー・ナチスの時代に彼が命がけでマイヤーホッフ夫妻を助けたのは如何にもと納得させられる.

ロッシュの手紙

　筆者が, ロッシュ教授のことを知ったのは, 1972- 3 年アメリカ留学中に NIH (＝National Institute for Health, アメリカ国立健康研究所) で親しくなったハンス・カーンマン博士からの情報である.

　筆者がマイヤーホッフとユダヤ人の独創性に興味を持って調べているというとカーンマン博士は, 彼自身が, パリとマルセイユでマイヤーホッフに出会った事, マイヤーホッフの紹介で, ロッシュ教授の有機化学研究室にいた事, ロッシュ教授がマイヤーホッフのフランス脱出を助けたことなどを話してくれた. 彼の紹

介で，筆者は，ロッシュ教授に手紙を出して，当時の経過を直接聞くことができた（1982）．ロッシュからの手紙の中で「ハンスによろしく」と書いてあるのはカーンマン博士の事である．

ロッシュがマイヤーホッフを支援した理由については，ドイツ人でありながら，ヒトラーに反抗してアインシュタインやマイヤーホッフを支持したマックス・フォン・ラウエ（1879-1960，1914年ノーベル賞）の例があるので，直接，ロッシュに手紙を出して聞いてみた．その失礼な筆者の問いに対して，彼の信念を書いた返事がある．

『ロッシュの手紙（1978年1月25日）』

木村光博士へ

1978年1月17日付けの手紙をありがとう．

私は貴方が，O・マイヤーホッフ教授に関する私の情報に大変興味を持ってくれた事を嬉しく思いますので，貴方の質問に答えます．

私がマイヤーホッフ教授に会ったのは，1939年で彼が難民としてフランスに来た時です．そして，1939-1940の機会に何度か会いました．マイヤーホッフ夫人とは1940年にマルセイユで会っただけです．

私が彼と多くのユダヤ人を助けたのは，ヴィシー政権とナチによる占領という悲しい時代で大変難しい時でした．というのは，我々が信用できたのはほんの少数の人しかいなかったからです．私が彼ら（ユダヤ人）を何人か研究室に入れる事が出来たのは大変幸運でした．我々が何人かのユダヤ人を

助ける事が出来たのは，人権に対する深い感情を吹き込まれ
ていたからで，それ以外の何物でもありません.

　私の家族は一人として——現在も過去も——ユダヤ人では
ありませんが，我々はいつもユダヤ人達は全て我々全てと同
様に正常な人間だと考えてきました. 我々はそれを，次の二
つの理由からだと納得しています.

（1）　フランスにおける私の地区（ディジョン，アビニオンと
　　　その周辺）では法王が13世紀の終りから14世紀まで
　　　80年間ほどおられたこともあり，私の父なども多くの
　　　ユダヤ人の友人を持っていました.

（2）　我々フランスでは，1908-1910年にアンティセミティ
　　　ズムによるドレフュス事件が起こりましたので，民主
　　　的精神を持つすべての人々はユダヤ人と一緒になって
　　　やる事が，自分たちのモラルの義務であると考えてい
　　　ます.

　私は彼らが正しいと思いますし，私がカーンマンとその友
人を受け入れたのはこの精神によるものです.

　　　　　　　　　　　　　　　　　　　　ジャン・ロッシュ

ピレネー山超えで無国籍者の表明を拒んでパスポートが期限切れ

　マイヤーホッフは，真面目というかナイーブな人で，スペイン
との国境まで行ったが「ギャングか盗賊のような形でフランスを
出国したくない」ということで，もたもたしている間にビザの有

効期限を切らしてしまった．そこで，もう一度フランコ政権から，1カ月以上有効なビザを取って欲しいとロッシュに頼んできたのだった．ロッシュはマイヤーホッフ夫妻に直ちにバニュルスへ引き返して，一刻も早く国境を越えるように言った．なぜなら，スペイン領事もこのような危険なことを二度と引き受けることはないだろうと考えたからである．誰もがユダヤ人の味方をしてその身を危険にさらすことを嫌がっていた．マイヤーホッフ夫人は夫にロッシュの提案を受け入れることを決心させて，2人はバニュルスへ戻って行った．ロッシュは，筆者への手紙の中で次のように言っている．「この偉大な科学者の常識のなさは信じられないほどで，ドイツの占領下に置かれているわれわれに多大のトラブルを引き起こした」

脱出後にロッシュへ打った電報がフランス警察の手に

　マイヤーホッフは，フランス脱出後，ポルトガルからロッシュにお礼の電報を打ってきた「We'll arrived in Portugal. We'll leave soon. Meyerhof」．この電報がフランス警察の手に渡ったため，ロッシュは警察の尋問を受ける羽目になった．ある日，その電報をもった検察官がロッシュの研究室へ訪ねてきた．検察官はロッシュに「私は警察から来た検察官です．あなたは，マイヤーホッフ教授を知っていますか」と聞いてきた．ロッシュは，「もちろん．世界的に有名な生化学者だから知っている」と答えた．「あなたは，リスボンからのこの人物の電報を受け取りましたね．彼はフランスから出国する権利をもっていない事をご存知でしたか？」．も

ちろん，「NO」とロッシュは答えた．ただし，この検察官もなかなか味のある人物で，「それが，私がほかの人々に断言したい全てです」と言って，それ以上の事情は追及せずに去って行ったという．マイヤーホッフは，たいへん真面目で律儀な人で，アメリカへ渡ってからも，2カ月に一度，現状報告の手紙を送ってきて，ロッシュをたいへん困らせた．マイヤーホッフは彼自身のことのみならず，ソ連でパルナスが活動していることも書いてきた．この手紙は，警察で開封されたが読まれずに届けられた．戦時中はこんなことがよくあったという．ただ，この手紙の中で，マイヤーホッフが，パルナスと連絡があることを語っている点が筆者には興味深かった．パルナスはポーランドの生化学者で，解糖系代謝経路が"エムデン―マイヤーホッフ―パルナス経路"とも呼ばれるときの，ヤクプ・カロル・パルナスである．彼は後年不慮の死を遂げたといわれる．

ロッシュの手紙を見た息子のウォーターの納得（国境越えの真相）

　筆者が，ロッシュからもらったこの手紙を，後年，マイヤーホッフの息子ウォーターに見せたところ，彼は次のように言った．「このロッシュの手紙は，父親（マイヤーホッフ）のマイナス面を示しているが，最も興味深いものである．私は父の旅行記録を調べて，フランスの出国ビザは，1940年8月12日にマルセイユで発行されていて，有効期日は30日になっていることを知った．ところが，父の日記から両親がフランスを去ったのは，1940年10月4日になっている．彼らは，ヴァリアン・フライ組織の誰か（実

は，レオン・ボールという男）の案内で，国境まで案内されたとなっているが，スペインの国境警察はパスポートの期限が切れていたので，彼らが国境を越えることを望まなかった．しかし全くの偶然から，アメリカ領事のジョン・ハーレイが居合わせて，彼らにマイヤーホッフ夫妻をスペイン国境を通過させるように強要した．お陰で，彼らは国境を通過することができたが，ビザの期限が切れていたので，国境警察は彼らの旅行記録に入国スタンプを押さなかった．両親がビザを期限切れにしてしまったのは，彼らがマルセイユまで戻って来たために起こったことだったのだ」と．

　以上がマイヤーホッフ夫妻のピレネー山脈越えの真相である．ただ不思議なことにウォーターはロッシュのことは全く覚えていないというが，そんな筈はない．彼が若かった（当時18歳）ためなのか，フロイドのいうように，「人間は不幸な出来事は思い出したくないので，忘れてしまうようになる」のか筆者には分からない．実際，ウォーターは自伝の中で，「フランスでのことはすべて忘れてしまいたい」と述べている．

　筆者にはもう一つ疑問があった．それは，何故，マイヤーホッフが地中海の小さな港町バニュルスに滞在したのかという長年の謎だった．その疑問を解くために，筆者は2013年3月バニュルスの海洋生物研究所を訪問した．案内をしてくれた，イーブス・デスデーヴィセス博士の部屋から，美しいピレネー山脈が一望できた．彼は研究所の歴史から始めて，現在どんな研究が進行中かを説明してくれた．彼の説明の中で，アンドレ・ルヴォフが若いときにこの研究所にいたことが明らかになった．彼はマイヤーホッフの弟子で後年ノーベル賞を受けた一人である．これでマイ

ヤーホッフが，バニュルスの海洋生物研究所に滞在した理由（筆者の疑問）が少し解けたように思われた．

ワールブルグとその研究室

　カイザー・ヴィルヘルム研究所（KWI）の部長で後にノーベル賞を受賞（1931 年）したワールブルグは，マイヤーホッフの幼友達だが，彼が育てたのはクレブス一人だと言われる．しかし，彼自身は，マイヤーホッフもテオレルも自分の弟子だと胸を張っていた．ワールブルグは若いときからパスツールのような偉大な科学者になると豪語して，生涯を研究に捧げる決心をしていたので，終生独身を通した．軍隊時代に知り合った忠僕ホイスが日常生活の面倒を見て，何処へ行くにも二人は一緒だった．ワールブルグは，かなりの潔癖症，完全主義者で，市販の食物は農薬に汚染されているからといって食べず，野菜などを邸内で自家生産していた．今で言う無農薬の野菜である．牛乳も特別に農家に注文していた．

　ワールブルグは健康には充分注意していた．彼は科学者は長生きしないといけない．そうしないと自分の成果が見られないからだと言っていた．

　ワールブルグもユダヤ人だったので，彼が終生ドイツにとどまれた理由を聞かれることが多いが，母親がドイツ人でナチスのゲーリング元帥と親しかったのと，彼がナチスが重要視する“がんの研究”をしていたからだと言われる．

エムデンとマイヤーホッフの関係

　一般にはマイヤーホッフとエムデンは仲が悪いといわれてきた．それはマイヤーホッフがハイデルベルグ，エムデンはフランクフルトにいて，どちらも解糖系におけるグルコースから乳酸が生成する過程を研究していたからである．両都市は，汽車でほんの1時間ぐらいの距離で，いわば，目と鼻の先で研究を行っていたにも拘らず，交流がなく互いに批判的だった．両者は，第一次大戦からエムデンの死に至るまでの15年間，筋肉の収縮の際に起こる化学反応（特に解糖系の反応）について深く熱心に研究していた．

　エムデンはマイヤーホッフ（1884年生まれ）よりも10歳ほど年長で，彼が65歳の誕生日を迎えた時にマイヤーホッフは，エムデンの大きな業績を称える講演をした．こうしてみると，両者はお互いに大変尊敬し合っていたともいえるのかもしれない．

　マイヤーホッフの弟子ナハマンゾーンは，1930年にフランクフルトにあるエムデンの研究室を訪問したところ，エムデンによって心からの歓迎を受け，筋肉の収縮についての種々の面から濃厚な討論をしてもらったという．討論は4時間に及び，最後にはエムデンのオフィスの大きなテーブルの上はエムデンが種々の見解を示すために本棚から取り出した多くの本とジャーナルで一杯になったという．

　ナハマンゾーンによれば，エムデンの能力と化学の知識は素晴らしく，その見解を明確に示すもので，問題に対する純粋な態度は，若い自分（25歳も若いナハマンゾーン）を対等に扱いこちら

の質問にも注意深く答えてくれたという．当時のドイツでは大学
教授とポスドクの学生では，大変大きなギャップがあったから，
これはナハマンゾーンにとっても驚きであった．

マイヤーホッフ研究室のカール・ローマン

　マイヤーホッフは 1922 年（実際には 1923 年）にノーベル賞を受
賞するが，先述のとおり，キール大学での反ユダヤ主義のために
不愉快な経験をした．そのため彼は，1924 年にカイザー・ヴィ
ルヘルム研究所へ移ることになった．この時，カール・ローマン
(1898-1978) がマイヤーホッフの研究室に来ることになった．ロー
マンは大変優秀な有機化学者で，1924 年から 1937 年まで，マイ
ヤーホッフと共に研究をした．二人は年が 14 歳ほど違い，性格
も正反対だと云われたが，科学的にはお互いを補い合う，運命的
というか歴史的な出会いであったといえる．

　ローマンは数々の貢献をしたが，最大のものは ATP（アデノシ
ン 3 リン酸，生体のエネルギー物質）の発見と構造，機能の解明で
あった．ローマンに続いて，多くの有能な若手の研究者が集まっ
た．彼らは，マイヤーホッフの人柄を中心に強い信頼関係で結ば
れただけではなく彼ら相互間も非常に強い信頼関係で生涯の友に
なった．しかし，筆者が取材した限りでは，仕事の継承者はリッ
プマンであると思われ，非常に誠実な人柄であるが，物事をはっ
きり言う性格である一方，人付き合いが必ずしも良くなかったよ
うにも思われる．特にナハマンゾーンとの関係は少し複雑な様に
思われた．

マイヤーホッフの批判者カール・マイヤー教授に会えず

生物学における最大のエネルギー物質といえば ATP（アデノシン 3 リン酸）である．その発見者は，誰に聞いても，マイヤーホッフ研究室の第一助手だったカール・ローマンといわれている．ところが ATP 発見のきっかけを作ったのが，同じ研究室にいた，スイスからの留学生カール・マイヤーだといわれている．しかし，そのテーマは留学生の手には負えないというマイヤーホッフの意向で，マイヤーからローマンに移されたという．そのため，マイヤーとマイヤーホッフの仲が悪くなり，マイヤーがマイヤーホッフ研究室を去って，ロックフェラー財団の奨学金を貰ってアメリカへ行ったと言われている．

筆者はその真相をはっきりさせるため，その後，アメリカのコロンビア大学の生化学の教授になったカール・マイヤー教授に面会を二度（1978 年と 1980 年）も申し込んだ．彼は日本でもよく知られる様になったヒアルロン酸の発見者で，多糖類化学の第一人者である．

しかし，二度とも会う機会を持つことが出来なかった．それが故意か偶然かは分からなかったが，彼から何通かの手紙をもらっているので，その真相を推理してみた．

マイヤーからの手紙（1977, 11, 4）

彼はいう，マイヤーホッフの科学者としての賞嘆すべき一面のみならず，人間としての好ましからぬ面も見なければならな

いが，私はそれについて書くことは大いに躊躇する．もちろん，私は伝記には単に賛辞のみならず，人間が持つ良い面と悪い面の全体的な人間性を扱う必要があると考えている．もし貴方（筆者）がダーレムとその後のアメリカでのマイヤーホッフの賛辞を望むならば，このコロンビア大学のナハマンゾーンの書いた幾つかの論文を読むのが良いでしょう．彼（ナハマンゾーン）は今，ドイツにおけるユダヤ人科学者についての本を書いている．その中に，マイヤーホッフに就いての大きな章が含まれている．

　私はダーレムのマイヤーホッフ研究室で働いていた．始めは博士論文のため，アルコール発酵と筋肉中の乳酸生成酵素系について研究していた．1927 年にベルリン大学で学位を取ってから，第二助手として，ほぼ 1 年マイヤーホッフ研究室に残っていた．この時の第一助手は，カール・ローマンだった．この後，1928 年の始めに私はロックフェラー財団の奨学金を得た．この時の推薦者はマイヤーホッフとリチャード・クーンだった．私はほとんど 2 年間チューリッヒの ETH（工科大学）にあった有機化学研究室のクーンの下で働いた．そして 1930 年の始めにヨーロッパを去ってカルホルニア大学バークレイ校に来た．(中略)

　私は，当時自分と同じ頃にダーレムにいた次の様な人々から貴方（筆者）の手紙にあるほとんどの質問に関する情報を得る事が出来ると思います．

……といって，数人の名前を挙げている．その中には，ローマ

ン，リップマン，ナハマンゾーン，ブラシュコ，クレブスなどが
あった．彼が特に推薦したのは，テクニシャンだったフィリッツ・
シュルツで，「彼は引退したがハイデルベルグに住んでいるので，
マックス・プランク研究所に手紙を出せば，事務所が届けてくれ
るだろう．私（マイヤー）自身もそうしてシュルツと連絡を取る
事が出来た」という親切な注意書きがあった．

　そして1行空けて，「マイヤーホッフには息子と娘がいるが，
その住所は知らない」とあり，さらに1行空けて，「貴方の手紙
にあった他の質問には喜んで答えるが，特にマイヤーホッフの人
間性についての質問には沈黙を守りたい（prefer to keep silent.)」
とあった．

(1977, 12, 7) の手紙では，

　質問①　ローマンは既にゲッチンゲン大学で化学の学位を得て
　　いた．チューリッヒの化学のボスだったクーン教授から話が
　　あり，もしマイヤーホッフが，二番目の推薦者になってくれ
　　るなら，ロックフェラー財団の奨学金のスポンサーになって
　　もいいという提案があった．

　質問②　貴方（筆者）の手紙にあった，クーンがヒトラーの協
　　力者だったのではないかという話は，彼が，ドイツ化学会で
　　やった所長としての講演で，ヒトラーを称賛したからで（こ
　　の時たまたま日本の天皇陛下をも称賛した），その彼の講演は
　　1939年か40年頃に有名なドイツの雑誌「化学ベリヒテ」に
　　掲載されたからだろう．シュルツから聞いた話では，クーン
　　はナチ党員ではなかったという事だ．私の意見では，彼はそ
　　れほど馬鹿ではないし，当時の大多数のドイツ人と同様に日

和見主義者だったのではないかと思われる.

質問③　ワールブルグがドイツに留まられたのは，彼の父親はユ
ダヤ人だったが母親はドイツ人で，ゲーリング夫妻の特別庇
護のもとにあった．ワールブルグ自身が自分はアーリア人で
母親の不義の子供であると公式に宣言していたからだろう.

質問④　ローマンはその後，東ベルリンの教授になった．私が
知る限りダーレムにいた時，彼は極端なドイツ国家主義者
だった.

ブラシュコからの手紙（1977, 12, 9）

マイヤーの手紙にあったヘルマン・ブラシュコ（イギリス，オッ
クスフォード大学）からの手紙に当時の事が書いてある.

貴方（筆者）の質問①　私がマイヤーホッフに会ったのは
1924年12月で翌年1月に彼の研究室に入った．そして，ダー
レムとハイデルベルグを通して，1933年にドイツを去るま
で一緒だった．だから，マイヤーが来た時も出て行った時も
一緒だった．しかし，マイヤーとマイヤーホッフの間にトラ
ブルがあったとは全く気が付かなかった．ご存知と思うが，
ダーレムではマイヤーホッフは正式なポジション（established
post）は一つだけしか持っていなかった．そして，それはロー
マンのものだった．だから，マイヤーも含めて我々は全て一
時的な奨学金で働いていた．ハイデルベルグへ移った時（筆
者注：1929年の年末）に初めて二つのポジションが追加され
たが，その一つは，レイザー（H.Raser, 現在イギリスのケンブリッ

写真15●後列左から4人目がヘルマン・ブラシュコ、左端がローマン（マイヤーホッフ研究室の面々）

ジ大）がもらい，もう一つのポジションはマイヤーホッフが私にくれた．私はそこに1932年12月31日までいた．マイヤーは研究室を去って，当時チューリッヒにいたクーンの下でロックフェラー財団の奨学金をもらう事にした．

　私は，マイヤーホッフとマイヤーの将来について話をしたことを思い出す．マイヤーホッフは，マイヤーが既にこの機会（ロックフェラーの奨学金をもらう事）を受け入れたと私に言った．私は断言できるが，マイヤーホッフ研究室の雰囲気はいつも仲の良い調和のとれたものだった．

筆者の質問：②③は省略して，

質問④　ローマンに関するあなたの情報は正しくない，彼はマイヤーホッフの研究室へ来た時は既に化学の学位を持っていた．ゲッチンゲン大学のウィーンダウス研究所で貰ったものである．（以下省略）

マイヤーとマイヤーホッフの関係に関する筆者の見解

　この件に関する噂話は，「マイヤーがATP発見のきっかけを作ったが，その仕事をマイヤーホッフが強引に取り上げて，ロー

マンに渡して，マイヤーを研究室から追い出した」とか，「ローマンは分析しただけ」とか，フィスケがマイヤーホッフを「盗人」といったとかいうものである．

　さらに筆者はナハマンゾーンに会ったところにも書いたが，彼（ナハマンゾーン）は，TCA サイクルの研究で有名なクレブス教授（1953 年ノーベル賞）から貰った手紙を筆者に見せてくれた（P.75 参照）．それは，クレブスからのナハマンゾーン宛の手紙で，「日本の木村教授がマイヤーの事を聞いて来たら，マイヤーはおかしい男だ」と言うように指示したものだった．

　上記の事から筆者は是非とも直接マイヤー教授に会いたかったのだが，果たせなかったのは今考えても残念である．もちろん上記の手紙でも彼がマイヤーホッフの人間性に不信感を持っていた事ははっきりしているが，敢えて言わないといっているのも確かである．だから，彼の手紙を読む限り，マイヤーは正常である．むしろ小生の質問には親切に答えてくれている．

　ただ，ブラシュコの手紙と比較してみると彼の勘違いが分かる．

　彼は，1927 年学位を得て，その後 2 年間ほど助手をしていたとしているが，それは多分スイスの ETH（チューリッヒ工科大学）のクーンの研究室の勘違いで，その時ロックフェラー財団からの奨学金をもらっていたのだろうと思われる．1930 年にアメリカへ行ったとしているが，マイヤーホッフ研究室は 1929 年の年末にダーレムからハイデルベルグへ移っていて，それまで助手の席は一つしかなく，それはローマンのものだった．ハイデルベルグに移った時に助手の席が二つできて，それらはレイザーとブラシュコがもらったとしている．

　マイヤーはそのまま研究を続けていけば，ATP の発見者になったかもしれない悔しさがあって，それを不満としているのも分かるが，当時，解糖系の研究には強力なライバルがひしめいている中で，何とか早くその問題にけりをつけたいマイヤーホッフにとっては，既に有機化学者として立派な業績を上げているローマンに少しでも早く結果を出して貰いたいというのも当然の気持である．それをいろいろ事上げして，マイヤーホッフの事を悪く宣伝するのはそういう熾烈な研究競争をしたことのない人間の言う事であると思われる．また，フィスケがローマンよりも早く ATP を得ていたということでマイヤーホッフの事を盗人と言ったというのも幾つかの疑問が残る．確かにフィスケが早い時期に ATP を得ていたのかもしれないし，もしそれが事実なら，なぜ直ぐに発表しなかったのかという疑問が残る．それを相手が発表してから初めてその重要性に気が付き，自分の方が早かったと言ってもそれは"所詮，問題点に対する執着度の違い"ではないかと思われる．思うにリンの測定のために無機リンばかりを追っていて，たまたま試料中に存在した ATP を摑んだフィスケにはその意味が分からなかったのではないかと思われる．それに比べて，1913年以来，糖代謝を中心に有機リン酸の役割の重要性を追求してきたマイヤーホッフとローマンらは当然 ATP に対する執念が違うと思われる．パスツールは言っている．「寝ても覚めてもある問題を考えているという心（常に用意された心）に対してのみ勝利の女神は微笑みかける」と．

　マイヤーとフィスケの間にも執念の差がある．悔しい思いをしたマイヤーはアメリカに渡って，ヒアルロン酸を発見し，多糖類

化学の第一人者になった．それに比べて，フィスケはその後，1957 年にハーバード大学生化学教授を定年退官するまで，30 年たらずの間，ほとんど何の仕事もしなかったといわれる．

　これらの問題に関連して，当時のドイツでは教授と助手や留学生では大変な差があった様である．若い頃のナハマンゾーンがエムデン教授に面会した時，エムデンが彼に対等の立場で議論してくれた事を大変喜んでいる．現在のドイツの教授の権力がどんなものか分からないが，筆者は若い頃，ある大先生から大変親切な忠告を受けた事を思い出す．「ドイツの教授は大変な権力と経済的なバックを持っている．だからうっかり共同研究の約束をして，1 年おきにドイツと日本で交流会をするという様な取り決めはしない方が良いよ．そんな事をすると，向うは何でもない事でも，こちらはその費用捻出のために科学研究費の申請から始めなければならないので，よほど気を付けないととんでもない目に合うよ」という事だった．

クーンはナチスへの協力者か

　ドイツでは，20 世紀の終わりになって，関係者がほとんど死に絶えるまで，ナチスに協力した者とナチスに抵抗した者との確執があった．特にマイヤーホッフの後任でカイザー・ヴィルヘルム研究所（KWI）の所長だったリチャード・クーン（1938 年ノーベル化学賞）がナチスの協力者だったのではないかと言われる．クーンは戦後日本に来て京都で講演したので，筆者も聴きに行った．たいへん大柄かつ恰幅のいい人物で，ドイツ訛りの英語を喋っ

た印象がある．友人として世話をされた武居三吉先生（当時京大教授）の話では，講演に先立ってウイスキーを1瓶空けたということで，みんな吃驚，感心した．

　先述のとおり，カール・マイヤーにクーンの事を聞いた．彼の話では，クーンがナチスの協力者と言われるのは，彼がKWI所長としてドイツ化学協会で講演したとき，ヒトラーを礼賛したためで，その講演内容が『ベリヒテ』(*Chemische Berichte*) という化学雑誌に掲載されたからだろうという事だった．両研究室で助手をしていたシュルツの話では，クーンはナチ党員ではなかったという．マイヤーの考えでは，クーンは党員になるほど馬鹿ではなかったし，当時の多くのドイツ人と同様に，日和見主義者だったのではないかということである．音楽家のカラヤンも少なくとも三度はナチスに入党しているし，『存在と時間』で有名な哲学者ハイデガーはナチスに入党し，カギ十字の制服でひな壇に座っている写真を見た記憶がある．

　1945年11月1日付けのマイヤーホッフからクーンに宛てた（返事の）手紙がある．それによると「ナチの恐怖支配の終焉後にハイデルベルグに戻る事ができるように，私の研究グループを維持し，以前の研究所のポストを空けておいてくださった事に，私は深く感謝しております．このような感謝の念を抱きつつも，それだけで済ます事はできません．私は，以前の職場と全財産を失い，また一時的ではありましたが生命の危機に瀕しました．（中略）私は地位と職場を維持するために妥協したからといって誰かを非難したりはしません．しかし，貴方はそれをはるかに超えてしまっていました．私は，連合国の仲間があなたに対して下した非難，『筆

舌に尽くしがたい忌まわしさと邪悪さを十分に承知していた政権の中で，尊敬に値する科学的能力と化学的に熟練された技術を，あなた自身の自由意思で使用した』という非難を否定する事はできません．（以下略)」（水上浩子訳）と，はっきりとクーンの戦争中の行動を非難する彼の気持ちを表明している．

第VI章 | *Chapter VI*

筆者らの微生物研究

　ここまではマイヤーホッフの人生航路とその偉大な業績を紹介してきた．ここではそのマイヤーホッフの成果を引き継いで，私たち現代の研究者がどのような研究を行ってきたのか，筆者の経験から紹介したいと思う．

概観

　一般に微生物の研究といえば，19世紀のパスツールに端を発し，20世紀になって「細胞なしのアルコール発酵のメカニズム」の研究が中心になり，次々に新しい酵素が発見され，生体の反応は酵素を中心とする複雑な諸反応の絡み合いにより細胞がエネルギーを獲得していく過程であることがわかってきた．それが酵母菌（真核細胞＝ヒトと同じ種類の細胞）を中心に解明されてきたことは第I章に述べた通りである．これに対して，1929年イギリスのフレミングがカビ（黴＝真核細胞）からペニシリンを発見し，有用な医薬品がカビという微生物から生産できることを示した．それを受けて，1945年にアメリカのワックスマンが土壌微生物である放線菌（原核細胞）からストレプトマイシンを発見して，

微生物からそれまで知られていなかった有用な医薬品が生産できるという哲学が確立された．そのため，世界中（特に日本とアメリカ）で，土を集めてそこから微生物を分離し，新しい有効な抗生物質を発見するという探求が始まった．

　筆者も大学卒業後，抗生物質の生合成の研究とアメリカのリリー社から導入されたマクロライド抗生物質のスケールアップの研究（試験管から50トンの発酵タンクになるまでの生産研究）に携わったが，大抵の抗生物質は放線菌（原核細胞あるいは前核細胞ともいう）によって生産される．放線菌はヒトの細胞とは異なる下等な微生物であるため，化学的には従来知られていなかった新しい化学物質や化学反応が発見され，興味深い研究領域だった．が，微生物学的には古くから研究対象にされて来た酵母菌などと比べて，それまでの研究財産の蓄積が少なかった．もちろん，放線菌の遺伝学の研究も始められていたが，個人が研究できる期間が20〜30年と考えるとあまり大きな成果は期待できなかった．一般に外国での微生物研究は抗生物質の研究が主流である．これに対して，日本は湿気の多い梅雨の時期があり，パンにカビが生えるのをよく目にするお国柄である．そのため，清酒，味噌，醤油，なれ寿司などの発酵食品工業の長い伝統がある．その上，第二次大戦後に大発展を遂げた食品調味料の世界があり，多くの化学調味料が微生物によって生産可能になった．食品関連では，酵母菌の核酸（RNA）を分解して，かつお節やシイタケの味の本体が生み出された．昆布の味（グルタミン酸）も微生物生産されるようになり，微生物の代謝研究が盛んになり，その成果としてほとんどのアミノ酸類が微生物生産されるようになった．"アミノ酸・

核酸発酵"と称される時代になってきたのだ.

　丁度その頃（1969 年），筆者は大学に移る機会があったので，研究材料を酵母菌に切り替えた．理由は，酵母菌は真核細胞で，我々人間（ヒト）の細胞と同質のもので，遺伝学的なバックグラウンドも豊富で，素性の分かった変異株の取得も容易だった．将来的にもヒトのガンとか細胞増殖につながる成果を得やすいのではないかと考えたからである.

核酸関連物質から有用物質の生産

　わが国には古来，**昆布**（こんぶ），**鰹節**（かつおぶし），**椎茸**（しいたけ）という伝統的な食品調味料を基盤にした世界がある．**昆布**の味の本体はグルタミン酸ソーダというアミノ酸で，それが現在では微生物によって大量生産されている．その研究が発展して，今ではほとんどのアミノ酸類が微生物酵素によって大量生産されている．これに対して，**鰹節**と**椎茸**の味の本体は，各々イノシン酸，グアニル酸という核酸関連物質であることが明らかになり，アミノ酸・核酸工業が世界に類を見ない大発展を遂げた.

　イノシン酸（鰹節の味）もグアニル酸（椎茸の味）も酵母菌の核酸（RNA）を分解して製造されているので，4 種類の核酸塩基のリン酸化物（AMP，GMP，CMP，UMP）が大量生産される．そのうち，AMP はイノシン酸に，GMP はグアニル酸に変換して利用されるが，CMP と UMP は利用価値がないので廃棄されていた.

　当時の京都大学では，マイヤーホッフらによって開発された乾燥酵母菌体を用いて核酸関連物質のリン酸化と有用物質への変換

が研究されていた.

　筆者は，CMP という核酸塩基を利用して，CDP-コリンという脳障害治療薬を作ることを始めた.これは交通事故などで脳に障害を持った人に投与する医薬品であった.

$$CMP \longrightarrow CDP \longrightarrow CTP$$
$$\longrightarrow \text{CDP-コリン(脳障害治療薬)} \quad (1)$$

　上記の研究過程で，筆者は乾燥酵母菌体がどの程度生存しているかを知るために，核酸 DNA(遺伝子)の合成能を調べたところ，ほとんど合成能がない事が解った.つまり乾燥菌体にすると解糖系の酵素は生きているが，酵母菌自体はほとんど生きていないことが判明した.酵母菌が生きていないのでは研究の将来的な発展がないので，何とか生きた酵母菌で CDP-コリンの生産を行いたいと考えて，酵母菌体を乾燥しないで生きたままの酵母菌を種々の界面活性剤で処理して，上記(1)の反応系が起こるかどうかを調べた.丁度この年に筆者の研究室に入学して来た大学院の森田誠君にこの仕事をやってもらった.200 種類ぐらいの化学物質のうちトリトン X-100(Tritonn X-100)という界面活性物質が見つかり，この物質で酵母菌体を処理すると，4 %ぐらいの高濃度でも酵母菌は十分生きていて，しかも CDP-コリンを生産する事がわかった.

酵母による発酵から "遺伝子" の研究へ大きく舵を切った

(1) 国際微生物遺伝学会

　1978 年にアメリカのヴィスコンシン大学で，微生物の遺伝子を扱う国際微生物遺伝学会が開催され，スタンフォード大学のボイヤー教授がジーンズ姿で登場して，初めて羊の脳下垂体ホルモンの遺伝子を大腸菌に導入して，ホルモンを大量生産するという結果を報告した．遺伝子操作の危険性の議論も行われ，参加者全員がこれから始まる素晴らしい技術に対する期待で興奮状態だった事を思い出す．

　日本からの参加者は，東大の池田庸之助名誉教授，矢野圭司先生（東大教授）らで，関西の大学からは筆者一人だった．次の開催地を決める総会の前に池田先生が我々を呼ばれて，長老の幹事会から，次回（1982 年）の開催を日本でやってくれないかという打診があるので，引き受けるか如何するかを相談された．筆者は "遺伝子組み換えの操作技術" は将来的に非常に重要な技術なので，そういうチャンスがあるのなら是非お引き受けしては如何でしょうかと進言した．こうして日本も候補地の一つとなった総会では，フロアの女性研究者がコブシを振り上げて，「お金をためて日本へ行こう」と発言し，大きな拍手が沸き起こったのを今でも思い出す．

　1982 年に日本で初めての国際微生物遺伝学会を京都で開催する事になった．池田先生（委員長）の下で，筆者が事務局長をお引き受けする事になり，否応なしに遺伝子研究に足を踏み入れる事になった．しかし，それからの 4 年間が大変だった．学会の主

催国が全く遺伝子の話題を出さないというわけにはいかないからである．しかるに当時の日本では，筆者の研究室を含めて生化学関係の会社の研究室でも遺伝子の研究をしている所はほとんどなかった．

（2）世界で初めて生きた酵母細胞（真核細胞＝人と同じ細胞）へ遺伝子を導入

　前項で述べたように，トリトン X-100 という界面活性剤で生きた酵母菌を処理すると CMP という核酸誘導体を細胞内に取り込まれることが解ったので，遺伝子（DNA）の断片を取り込むことが容易に予想された．実際に試してみると酵母菌が遺伝子 DNA を細胞内に取り込んで，酵母菌の性質が変化（形質転換）する事が解った．そこで，トリトン X-100 以外の化学物質でより効率よく遺伝子（DNA）を取り込む物質がないか若い研究者が総出で探してくれたところ，リチウム酢酸（Li-acetate）がより効果的な事が判明した．即ち，筆者らの開発した方法は，人間と同じ細胞（真核細胞）へ遺伝子を導入するという世界で初めての画期的な方法になった．

（3）それまでの酵母細胞への遺伝子導入は大変な労力と時間が掛かった

　それまでは，酵母菌に遺伝子を導入する事は大変困難だった．まず酵母細胞を覆っている細胞壁をカタツムリの酵素で分解し，裸の酵母菌体（プロトプラストと呼ぶ）を作り，それに遺伝子（DNA）を取り込ませて酵母の性質を変えた後，細胞壁の再合成を図る必要があった．細胞壁の再合成をしないと遺伝子を導入した裸の細胞（プロトプラスト）は外部の浸透圧との差で破裂してしまうか

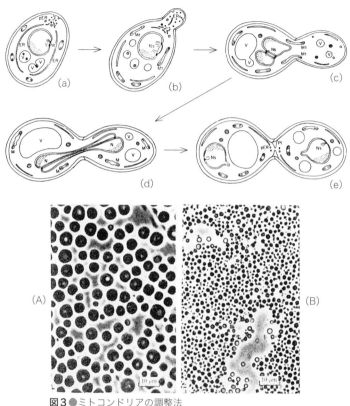

図3●ミトコンドリアの調整法
酵母菌は分裂して生育する時（a→e），まず芽を出し（b），
そこへ細胞質が入っていく（c），それに続いて核（DNA, N）
が導入され（d），娘細胞が生育する（e）．（c）のステージ
の細胞を酵素処理すると，元の酵母細胞（A）と芽の部分
のプロトプラスト（B）が得られる．

らである．そのため，全ての形質転換操作を細胞内の圧力と同じ
強さの等張液（0.8％の生理的食塩水）中で行う必要があり，しか
も細胞壁の再生には長い時間（1週間ほど）を要した．これに対

して筆者らの開発した方法は，全操作を普通の水溶液中で行う事ができた上，細胞壁の再合成をする必要がなかった．

（4）"新しい遺伝子導入法"の開発

　筆者らは，この簡便な方法を"新しい遺伝子導入法"として，1982 年 6 月に京都で開催した「微生物遺伝の国際会議」で発表したところ，直ちに 8 月のコールドスプリングハーバーの国際酵母研究会（アメリカ）で採用され，その年の内に一気にアメリカ中に広まった．この方法は論文 *Journal of Bacteriology*（1983）にして，発表したところ，直ちに世界中の研究者が利用してくれる様になった．それ以降，世界中の研究者が我々の方法を追試し，今日に至るまでそれ以上の効果的な方法は知られていない．今日では，我々の方法が細胞への遺伝子導入の普遍的な方法となり，我々の論文を引用せずに使用される事も多くなった．筆者がある論文の内容審査を依頼された時の事であるが，明らかに我々の方法を使っているにもかかわらず，論文のリストに引用されていないこともあった．

（5）論文の被引用回数

　アメリカ微生物学会は創立 100 周年（1999 年）の記念行事で，被引用回数の多い論文のランキングを発表した．その中で筆者らの上記の論文が，3,462 回で第 2 位になった．一般に科学論文は，100 回ぐらい引用されればいいところで，400 回以上引用されると古典的論文といわれる．我々の論文はその後も引用され続け，昨年（2019）の 10 月 8 日には 7,010 回となっている（次頁参照）．こうして微生物細胞から始まった細胞への遺伝子の導入は，その後，植物細胞，動物細胞へと広がり，現在では，iPS 細胞として

科学論文の被引用回数による仕分け（1945-1988[1]）

被引用回数	論分数	比率（%）
＞10,000	20	＊
5,000-9,999	47	＊
1,000-4,999	1,309	＊ （0.01％以下）
500-999	4,391	0.01
400-499	3,406 （400以上は古典的論文）	0.01
300-399	7,736	0.02
200-299	21,952	0.07
100-199	112,299	0.34
50-99	348,537	1.06
25-49	842,950	2.58
15-24	1,089,731	3.33
10-14	1,207,577	3.69 （92.57％）
5-9	2,955,984	9.03 （88.88％）
2-4	7,877,213	24.07 （79.85％）
1	18,255,577	55.78
	32,728,729	100.00

筆者らの論文[2][3]の被引用回数：（トムソン・ロイター通信社調査）

2015	6,787	
2016	6,816	
2017	6,906	---(171231)
2018	6,906	---(171231)
2019	7,010	---(191008)

京都大学図書館の調べで，7,000回を超えた。最近では，筆者らの方法があまりにも一般化したので，筆者らの方法を使用しながら，被引用文献として掲載されない事が多くなった。

(1)　E. Garfield: *Current Contents*, No.7, 3-14, February 12(1990).

(2)　H. Itoh et al.: *J. Bacteriol.*, 153:163-165(1983), （酵母の遺伝子導入法）

(3)　木村光：蛋白質核酸酵素：Vol.54, 1904(2009)

臓器の再生にまで発展し，今後は難病を克服するための再生医療にまで広がっている．最近では応用研究として「ゲノム編集」と呼ばれ，種々の農水産物の育種にも利用されている．

（6）「長寿遺伝子」（サーチュイン）は筆者らの方法で得られた

　以前は科学論文の被引用回数は，サイテーション・インデックスという分厚い黄色の本があり，科学研究費の申請をする場合には，みんな自分で論文の被引用回数を調べていたが，2000年ごろから，トムソン・ロイター社がコンピューターで科学論文の被引用回数を調べてくれるようになった．当時，同社の大学担当だった甲斐真佐美さんが，アメリカMITのガレンテ教授が我々の方法を用いて長寿遺伝子（サーチュイン）を取得した事を教えてくれた．これは「夢の若返り遺伝子」ともいわれ，この遺伝子が活性化されて働きだすと，細胞内でエネルギーを作り出す小器官「ミトコンドリア」が増え，細胞を若返らせるのである．この遺伝子の存在はNHKスペシャル「あなたの寿命は延ばせる」でも取り上げられた．

　この遺伝子サーチュインはその後，数種類発見され，それらを活性化する研究は現在まで続けられ，赤ワインに含まれるポリフェノールの一種リスベラトールの様な健康補助食品も販売されるに至っている．私達の論文の被引用回数から7000に近い研究者グループの著者達がどんな研究に我々の方法を使っているのか機会があれば調べてみたい．

（7）ヒトは微生物から進化した（生物の統一性）

　19世紀のダーウィーンによって生物の進化理論が形成された．それは46億年という長い時間をかけて，生物は微生物から我々

人間（ヒト）にまで進化したという事である．

　図4（P.136）は，46億年を1年に圧縮して示したものである．初期の地球上に在ったものは太陽のエネルギーのみである．それを利用できたのは光合成ができる細菌類のみであった．次いでラン藻をはじめとする植物類であり，酵母菌（人間と同じ細胞，真核細胞を持つ）は9月頃に出現した．恐竜の出現は12月14日の頃であり，我々人類の出現は，12月31日である．

　微生物細胞から植物細胞，動物細胞，さらにiPS細胞へと続く生物進化の流れは，19世紀のパスツールに始まり，20世紀の生化学，遺伝学，分子生物学へと続き，20世紀最大の発見といわれる遺伝暗号の共通性によって「微生物から始まって，植物，動物などすべての地球上の生き物が全て同じ遺伝情報を使って進化してきた事」が明らかになり，進化論の正しさが科学的に証明され「生物の統一性」といわれる概念が定着した．

　植物細胞の場合には，タバコの葉やニンジン（根）などの個体の一部から個体全体を再生させる事が可能になった．植物個体が分化した後に，分化をさかのぼり未分化の状態に戻すことが可能になり植物の分化全能性が主張された．これに対して，動物の場合には分化が1個の受精卵から始まって，脳や各種の内臓器官などに複雑に分化するので，それらを未分化の状態に戻すことはほとんど不可能ではないかと考えられていたが，それがその後，可能な事が判明し，山中伸弥教授らによるiPS細胞の作製に発展し，臓器の再生，難病の克服（再生医療）にまでつながって来ている．

　50年前にはジャンクと言われたDNAの98％（2％だけが遺伝子）が今ではトレジャー（宝物）DNAといわれ，多くは遺伝子の制御・

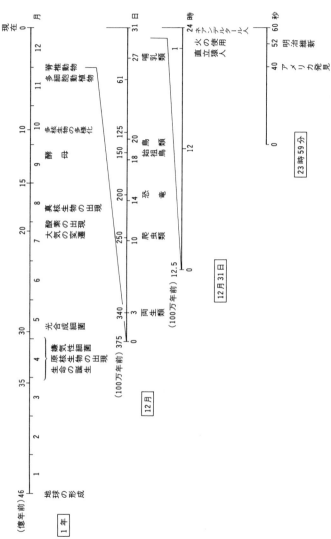

図4●生命の発生と生物の進化

停止機構に関連している事が明らかにされつつある．これからさらに 50 年後には遺伝子の働きの全貌が明らかになるだろう．そうして人類の進化が進んでいくのだろう．

解糖系メチルグリオキサール経路の研究

（1）カイザー・ヴィルヘルム研究所

　リービッヒの孫であるハルナックは科学者ではなかったが，科学に理解を示し，1909 年にカイザー・ヴィルヘルム協会の総裁に就任した．同協会はドイツが世界のなかで強国になるには，フランス（パスツール研究所），イギリス（リスター研究所），アメリカ（ロックフェラー研究所）のものに相当するハイレベルな研究所の建設が必要であると唱え，ヴィルヘルム二世からホーエンツオレルン家伝来の広大な土地（ベルリンの西南端ダーレム）を得て，3 年後に生物学研究所（ワールブルグ，マイヤーホッフ），実験治療学研究所（ワッセルマン，ノイベルグ），物理化学研究所（ハーバー）などを続々と建設した．物理学ではアインシュタイン，プランク，オットー・ハーンなどが関与した．かくして，ダーレムは世界中の科学のメッカになった．

（2）発酵液中に初めてアセトアルデヒドの存在を指摘したノイベルグ

　1913 年にカイザー・ヴィルヘルム実験治療学研究所が設立された時，ノイベルグ（写真 16）は生化学部長に就任した．当時の所長は，梅毒の診断法で有名なワッセルマンで，彼が 1925 年に死んだとき，ノイベルグは所長に就任し，研究所名も「カイザー・

写真16●カール・ノイベルグ

ヴィルヘルム生化学研究所」に変更された.

彼はそれまで発酵されないといわれていた3単糖のピルビン酸（炭素3個を含む化合物）が2個の炭素化合物であるアセトアルデヒドに変換され，更に炭素数2個のアルコール（エタノール）に変換される事を証明し，それを触媒する酵素をカルボキシラーゼと命名した.

彼は発酵液中にアルデヒドと結合する亜流酸ナトリウムを加えて，アセトアルデヒドが還元されてアルコール（エタノール）になるのを阻止して，還元に用いられる水素がピルビン酸と結合して，グリセリンになる事を証明した.

$$
\begin{array}{l}
\quad\quad\quad\quad \text{カルボキシラーゼ（酵素）} \quad\quad\quad\quad\quad \text{阻害} \\
\quad\quad\quad\quad\quad\quad\quad \downarrow \\
\text{ピルビン酸} \longrightarrow \text{アセトアルデヒド} \longrightarrow | \\
\quad\quad \downarrow H_2 \quad\quad\quad\quad (CH_3\text{-}CHO) \quad\quad Na_2SO_4 \\
\text{グリセリン} \quad\quad\quad\quad\quad\quad \longrightarrow \text{エタノール} + CO_2（炭酸ガス） \\
\quad\quad\quad\quad\quad\quad\quad\quad\quad\quad\quad (CH_3CH_2OH)
\end{array}
$$

ノイベルグがグリセリンの蓄積（グリセリン発酵）を発見したのは，第一次世界大戦の始まった年（1914）である. ドイツは連合軍の経済封鎖により物資の不足で困っていた. 爆薬の原料とな

るグリセリンは油脂から作っていたが，その輸入が止まっていたので，ノイベルグの方法がグリセリンの大量生産に用いられ，大変貴重なものだった．

コラム
......................**ノイベルグの娘イレーヌ・フォレスト博士に会う**
　column

　旅の途中の 1980 年 8 月 13 日（水），午前中に有名な有機化学者カール・ノイベルグの娘**イレーヌ・フォレスト**医学博士に会った．

　ノイベルグ（1877–1956）は初めて発酵液中にアルデヒド化合物の存在を証明し，ブドウからワインができる反応過程の解明に手掛かりを与えた．彼の学説は 10 年以上にわたって教科書に掲載されたが，生物の糖代謝がリン酸化合物として進むとは考えていなかったため，マイヤーホッフらの研究によって崩壊した．彼はドイツのベルリン（ダーレム）にあるカイザー・ヴィルヘルム研究所の所長として約 900 篇の論文を残し，初めての生化学誌を創刊した．発酵化学への貢献度の高さに対して当然ノーベル賞をもらってもいいと思われ，事実何度もその候補者に選ばれたが，結果的にもらわなかった．ユダヤ人としてのマイナス面とヒトラー時代に遭遇したための不運であったといえる．

　彼女は最後にノイベルグの**肖像写真**にサインをしてくれたので，大事にして NHK テレビの「人間大学」のテキスト（1995）に掲載した．（写真 16）

（3）ノイベルグのメチルグリオキサール説

　ノイベルグはそれまでに知られていたリン酸化中間体が生酵母によって発酵されなかったので，人工産物とみなしていた．彼は

ブドウ糖（炭素数6個の化合物）をアルカリ分解する時に生成するメチルグリオキサール（炭素数3個の化合物）を中間体とするメチルグリオキサール説を提唱した（1913）.

　ノイベルグは，1913年に動物組織で発見した酵素メチルグリオキサラーゼ（Glo-I）が，メチルグリオキサールから乳酸を生成する事から，筋肉の搾り汁では乳酸はリン酸化合物からではなく，メチルグリオキサールから直接生成すると考えた.

　　　ブドウ糖　　──→　　メチルグリオキサール
　　　（炭素数6個）　　　CH₃COCHO（炭素数3個）

　　　　　　　　　Glo-I（酵素）
　　　　　　　　　　↓
　　　　　　　　　　→　　乳酸　　──→　　アルコール
　　　　　　　　　　↑
　　　　　　　GSH　　CH₃CH(OH)COOH　CH₃CH₂OH
　メチルグリオキサール＋水（H₂O）
　　　　CH₃COCHO
　　　　　　　　──→　　グリセリン
　　　　　　　　　　　　　＋
　　　　　　　　　　　ピルビン酸　──→　　エタノール
　　　　　　　　　　　CH₃COCOOH

　この説は，1913年からほぼ20年間に渡って発酵経路の定説として教科書にも記載され，認められていた. しかし，ローマンはこの酵素（Glo-I）がSH化合物であるグルタチオン（GSH）を助酵素として必要とすることを観察して，筋肉の搾り汁を透析してグルタチオンを除いて反応を行ったところ，乳酸は生成せず，それに彼（ローマン）自身が証明したエネルギー物質（ATP）を加

えてはじめて乳酸生成が見られた．この事からメチルグリオキサールは解糖系の主経路であるエネルギー獲得経路による乳酸の生成には関与していないことが証明され（1932），解糖系のエネルギー生成経路から除外され，ノイベルグ説は崩壊した．

　しかし筆者は，ノイベルグが初めて発酵過程でアルデヒド基をもつ毒性物質が生成する事を証明したのを非常に高く評価している．というのは，それを契機として発酵過程の研究が大きく促進されたからである．

　エムデンらはローマンの解糖系の実験を追試し，グルコースから生成するフルクトース-1, 6-二リン酸（炭素数 6 個の化合物）が，2 種類の 3 単糖になる事を突き止めた．グリセルアルデヒド 3 リン酸とジヒドロキシアセトンリン酸である．後者の生産物の量は多い（93 〜 95％）が，解糖系主経路（エネルギー獲得経路）は，前者を通る経路が研究の中心となって進められた．言いかえれば，メチルグリオキサールは解糖系の主経路の研究から除外されると共にノイベルグ説は姿を消すことになった．糖の代謝がリン酸化されて進行する事を考えていなかったことがノイベルグ説の致命傷となったが，生体に毒性を持つアルデヒドが発酵の中間体として生成する事，そしてそれを解毒するグルタチオン（GSH）が造られる事を実証したノイベルグの功績は大変大きなものだった．

（4）解糖系メチルグリオキサール経路の研究

　メチルグリオキサール（MG）を経る経路は，ローマンによって主経路（エネルギー獲得経路）とは関係がないものとして放置されたが，その後，1980 年代になって，筆者らの研究室で研究を進める事になった．その理由は，メチルグリオキサールがアル

デヒド基を含む毒性物質なので、なぜそのような毒物が生体内の代謝経路上で生成するのかという疑問を解決するためであった。というのは当時食品の安全性という事が大問題になってきたことと関係がある。私共が外部から取り込む食品の安全性が問題になる中で、体内の代謝によって毒性物質が生成するとはいかにも矛盾していたからで、更に生体はその毒物を解毒するグルタチオンを用意していることが分かったからである。

　調べてみると生体はグルコースのみならず、いろいろな糖類やアミノ酸類も生産している。そういうもろもろの物質から、酵素的並びに非酵素的にメチルグリオキサールが生成されているのである。もちろん、エネルギー生産は生体にとって大変大事な反応であるが、フルクトース-1, 6-二リン酸から生成する2種類の3単糖にしても、生成量の少ない方からエネルギー経路に流れ込んでいるのである。この事からもエネルギー獲得は最重要な事柄ではあるが、毒物であるメチルグリオキサール（MG）も生体にとって意味ある存在と考えられる。それに対して、生体は解毒物質グルタチオン（GSH）を用意していると考えられ、MGとGSHのバランスこそが生体にとって重要なのではないかと考えられた。

　研究の結果、エネルギー獲得のための解糖系の主経路と並行して、毒性物質メチルグリオキサール（MG）と解毒物質グルタチオン（GSH）を巻き込んだ複雑な代謝経路の存在が明らかになった。即ち毒性物質メチルグリオキサール（MG）は、解毒物質グルタチオン（GSH）とのバランスによって、細胞の無限増殖（例えばガン化）などを制御して、主経路であるエネルギー獲得経路とは異なる役割を果たしているらしい事が明らかになってきた。

　こんな事から筆者はこの経路を**"解糖系メチルグリオキサール経路"** と命名して，1992年12月18日（金）にロンドンで開催された第一回のメチルグリオキサール会議で発表した．これについては後程のべる．

（5）遺伝子組み換え技術による解毒物質グルタチオン（γ－トリペプチド）の大量生産

　筆者はこのグルタチオン（GSH）は3種類のアミノ酸（グルタミン酸，システイン，グリシン）を含む解毒物質であったが，アミノ酸同士の結合が普通のたんぱく質の持つα－ペプチド結合ではなく，グルタミン酸とシステイン間の結合がγ－ペプチド結合であったところから，ひとひねりすれば，当時勃興しつつあった遺伝子組換え研究に興味深い独自の一石を投じる事が出来るのではないかと考えた．

　それまで考えられていた酵素やたんぱく質の構成アミノ酸は，全ての結合がα－ペプチド結合だったので，それぞれのアミノ酸に相当する遺伝子の塩基配列を並べるだけで目的の酵素やホルモンのたんぱく質を手に入れる事が出来たが，グルタチオンの場合は構成アミノ酸の遺伝子を導入してもα－ペプチド結合ではないので，α－ペプチド結合を持つトリペプチドは合成できても，それは活性のあるグルタチオン（GSH）ではない．

　しかもグルタチオンの生合成経路は最小の代謝経路になっていて，「ネガティブフィードバック阻害」を受ける．ネガティブフィードバック阻害というのは生体の巧妙な自動制御システムで，（P.148のネガティブフィードバック阻害図を参照）最終生産物であるグルタチオン（GSH）が細胞内に蓄積してくると，それが生合成系の

最初の酵素の働きを阻害して，無駄な GSH の合成を止めるので
ある．従って，GSH の大量生産を目指すためには，その阻害を
解除して，微生物に大量の GSH を作り続けさせなければならな
い．そこで筆者らはその阻害を解除された大腸菌変異株を分離し，
そこから耐性のある遺伝子を分離し，それを大腸菌に導入した．

　実際にそのプロジェクトを実行してみると，後に示すように，
遺伝子操作した (GM) 大腸菌により，解毒薬品グルタチオン (GSH，
トリペプタイド) を大量生産することができた．それらの成果が，
今日の**遺伝操作技術の実用化の発展**につながった．

　研究を業とする者は，常に研究をどういう方向に持って行くか
を考えなければならない．具体的には，まず，外国の学会の状況
を知り，世界の趨勢がどういう方向に進んでいるかを知り，その
潮流と自分の研究をどう結び付けるかを考える事が必要である．

　当時は正に遺伝子組み換え技術の勃興期で，1978年にアメリカ・
ウィスコンシン大学で開催された国際会議で，ボイヤーが羊の脳
のホルモンの遺伝子 (DNA) を大腸菌に導入してそのホルモンを
大量生産する方法を初めて発表した．そんな状況の中で，51 個
のアミノ酸からなる糖尿病の治療薬インスリンの遺伝子 DNA を
大腸菌に導入してインスリンの大量生産をエーライ・リリー社の
ような大会社の研究陣が狙っていた．

　リリー社だけではなく，世界中の研究者が種々のたんぱく質や
ホルモンの遺伝子を取得 (クローニングという) して，それを大
腸菌に導入して，本来，大腸菌は作る事はできないたんぱく質や
ホルモンを大量生産させようという目標で激しい競争を行なって
いた．

　こういう状況下で，大学の一研究室で世界の研究者達に伍して戦っていくにはどうすればいいか．何をターゲット(目標)にして，どういう戦略でやっていくかという事が大問題であった．

　筆者らは，トリペプチド（3個だけのアミノ酸を持つたんぱく質）であるグルタチオン（GSH, 解毒薬）を武器に **"解糖系メチルグリオキサール経路"** を利用して，世界の研究者達とは異なる戦略で遺伝子組み換え研究に乗り出す事にした．

　というのは，グルタチオンは3個のアミノ酸の繋がったものだといっても，普通の α - ペプチド結合をしたトリペプタイドではなく，γ-L-グルタミル-L-システニルグリシンであり，グルタミン酸とシステインの間の γ - グルタミルシステイン結合が普通の α 位のペプチド結合ではなくグルタミン酸の γ 位のカルボキシル基を介する特殊なペプチド結合なので，普通のたんぱく質生産の様に DNA から直接生産する事が出来ない．その上，この代謝系は次頁の図に示すように，最終産物のグルタチオン（GSH）が多量に蓄積して来ると，GSH-I がフィードバック阻害を受けて，その機能が低下してきて，無駄なグルタチオンの過剰生産が抑制されるようになっている．そこで，筆者らは，GSH-I の機能が最終産物であるグルタチオンによってフィードバック阻害を受けないような耐性菌株を取得して，その耐性菌株から GSH-I の耐性遺伝子（DNA）を取得し，それを大腸菌に導入して，阻害を受けない代謝系を構築した．

　当時，グルタチオンは工業的には酵母菌体からの抽出と有機合成法によって生産されていたが，どちらもそれぞれの欠点を有していたので，画期的な生産法が望まれていた．

ネガティブフィードバック阻害

GSH-I（阻害解除株の酵素）　GSH-II

L-グルタミン酸　⟶　γ-グルタミイル-　⟶　グルタチオン
＋L-システイン　　　　 L-システイン　　　　　（GSH）
　　　　　　　　　　　＋グリシン

　表1，表2は，阻害耐性になった大腸菌の遺伝子（DNA）を導入した遺伝子導入株によるグルタチオン生産量の記録である.

　私達は2種の遺伝子を2個ずつ導入した（GM）菌株を調製して，グルタチオンの生産量を約80倍に高めた（GM）菌株を育種する事ができた.

　両遺伝子ともに全塩基配列は決定され，現在でも，協和発酵キリンのグルタチオンの生産現場で使用されている.**図5**は酵素（GSH-II）の立体構造である.

　この独創的な**遺伝子操作微生物による有用物質（グルタチオン）の工業生産**プロジェクトは，世界中の誰の追従も許さず，典型的かつ代表的なモデルシステムとなっている.

　朝日新聞は，1981年（昭和56年）8月14日（金）の一面トップ記事で筆者らの業績を称えてくれた.**（写真17）**

（6）"解糖系メチルグリオキサール経路"

　解糖系主経路（エネルギー獲得系）から排除されたノイベルグのメチルグリオキサール（MG）の代謝系はその後，長い間放置されて来たが，その後，筆者らの研究室で詳細に検討し，膨大な代謝系が広がっている事が明らかになった**（図6）**.

表1● gsh-Ⅰ および gsh-Ⅱ の遺伝子を含む大腸菌によるグルタチオン生産量

| 大腸菌菌株 | 導入された遺伝子 | 酵素活性 | | グルタチオン生産量 |
		GSH-Ⅰ	GSH-Ⅱ	GSH
C600		0.05　(1.0)	0.93　(1.0)	7.78　(1.0)
C600	gsh-Ⅰ	2.81　(56.2)	0.93　(1.0)	29.5　(3.8)
C600	gsh-Ⅱ	0.05　(1.0)	11.1　(11.9)	6.67　(0.9)
C600	gsh-Ⅰ・Ⅱ	3.44　(68.4)	10.1　(10.9)	247.　(31.7)

( ) 内は，C600 の値を 1.0 とした場合の倍率を示す．

表2● gsh-Ⅰ，gsh-Ⅱ の遺伝子を複数個含む大腸菌によるグルタチオン生産量

| 大腸菌菌株 | 導入された遺伝子 | 酵素活性 | | グルタチオン生産量 |
		GSH-Ⅰ	GSH-Ⅱ	GSH
C600		0.05　(1.0)	0.93　(1.0)	7.78　(1.0)
C600	gsh-Ⅰ	2.81　(56.2)	0.93　(1.0)	29.5　(3.8)
C600	gsh-Ⅱ	0.05　(1.0)	11.1　(11.9)	6.67　(0.9)
C600	gsh-Ⅰ・Ⅱ	3.44　(68.8)	10.1　(10.9)	247.　(31.7)
C600	gsh-Ⅰ・Ⅰ・Ⅱ・Ⅱ	6.02　(120.)	25.4　(27.3)	608.　(78.1)

( ) 内は，C600 の値を 1.0 とした場合の倍率を示す．
※表の作成は渡部邦彦氏の協力による．

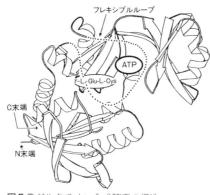

図5●グルタチオン合成酵素の構造

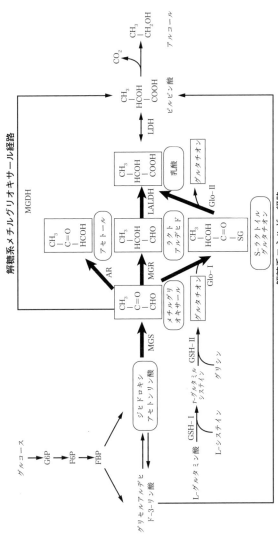

G6P, グルコース-6-リン酸；F6P, フルクトース-6-リン酸；FBP, フルクトース-1,6-ビスリン酸；MGS, メチルグリオキサール合成酵素；MGDH, メチルグリオキサール脱水素酵素；AR, アルデヒド還元酵素；MGR, メチルグリオキサール還元酵素；LALDH, ラクトアルデヒド脱水素酵素；Glo-Ⅰ, グリオキサラーゼⅠ；Glo-Ⅱ, グリオキサラーゼⅡ；GSH-Ⅰ, L-グルタミルシステイン合成酵素；GSH-Ⅱ, グルタチオン合成酵素；LDH, 乳酸脱水素酵素。

図6●解糖系生成エネルギー経路と解糖系メチルグリオキサール経路

　筆者はこの経路を"解糖系メチルグリオキサール経路"と命名して，1992年12月18日（金）にロンドンで開催された第一回のメチルグリオキサール会議で発表した．

この日のメモに曰く；

写真17●朝日新聞 1981 年 8 月 14 日

　この国際会議は非常に密度の高い"グリオキサラーゼシンポジウム"だった．ソーネリー，ジャグート，プリンシパト，マンネルビック，ソーポリー，ダグラス，ノートンなどこれまで文献でしか知らなかった人も含めて，お互いに同じテーマを中心にやっている研究仲間達だ．気楽さと厳しさが同居している．6時過ぎに全講演を終了して，会場をラムゼイホールに移して，ディナーとなった．素朴なディナーだったが，全員満足して再会を約して別れた．ラムゼイホールから，一人で夜道を歩いて帰った．

　この会議の記録は，翌年の「化学と生物」31 巻，399 〜 402 頁，1993 に発表しているので，ご興味のある方は参照していただきたい．

　この解糖系メチルグリオキサール経路は，細胞の増殖や分裂に関係して，メチルグリオキサールの毒性によって，細胞の無限増殖（ガン化）などを防いでいるらしい．

（7）"解糖系メチルグリオキサール経路"の最近の成果

メチルグリオキサール（MG）を中心とするその後の研究は，京都大学井上善晴教授のグループによって発展し，過剰な栄養の供給やホルモンアンバランスへの応答，さらには糖尿病をはじめとする種々の疾患との関係などが明らかにされつつある．

次の図は，井上善晴教授によって作成されたものである．種々の糖類（ポリオール経路）やアミノ酸類が酵素的あるいは非酵素的変換によって，メチルグリオキサール（MG）が合成されている．（図7）

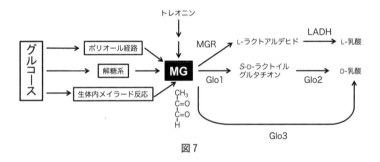

図7

MG の生理的役割についての研究は，国内外の研究グループによって発展し，神経変性疾患や糖尿病などの種々の疾患との関連が明らかにされつつある．

特に，MG と糖尿病との関連に興味がもたれ，MG レベルが増加すると糖尿病を発症するのか，糖尿病になった結果，MG レベルが上昇するかについては明らかになっていない．これに対して井上善晴教授の研究グループは，MG による TOR（target of rapamycin）シグナルの活性化機構の研究から，2型糖尿病の主要な病態であるインスリン抵抗性へのMGの関与に関する新たなモデルを提唱し，MGが2型糖尿病の増悪因子として働いている可能性を示唆している．（『実験医学，Vol.34, No.15, 2016』）

（8）リポアミノ酸の発見

　当時の微生物界はアミノ酸・核酸時代といわれたが，筆者はアミノ酸と脂質の境界領域に新しい物質が存在するのではないかと考え，放線菌からリジン（Lys）を含む新しい脂質関連物質を発見し，**リポアミノ酸A**と命名した．培養条件の変化によって，オルニチン（Orn）を含む物質も見つかったので，これを**リポアミノ酸B**と命名した．同じ頃，**リポアミノ酸B**がアメリカ，イギリス，フランスで次々に報告され，新物質群の存在が明らかになった．時々世界中で同じような現象や物質の発見が見られるのは不思議である．

（9）ミトコンドリア（Mt）のみを含む細胞（ミニプロトプラスト）の調整法の開発

　ミトコンドリアは酵母細胞中に含まれる器官の一つで，酸素（O_2）を利用して，エネルギーを効率よく獲得する．これは元々別の生物組織だったものが，酵母細胞と合体して，より効率的に，エネルギーを獲得するようになったと考えられている．筆者らは，このミトコンドリアのみを含む細胞の調整に成功した．これは福田博介博士がやってくれた．

　〔方法〕酵母細胞は分裂する時，細胞表面から芽を出し，それがだんだん大きくなり，娘細胞となる．その際，芽の部分にミトコンドリアを含む細胞質が先に導入される．そこで十分芽が大き

くなった段階の細胞を細胞壁分解酵素で処理して, 芽の部分 (小) と元の細胞 (大) とのプロトプラストの混合物を得た. この混合物を遠心分離すると, ミトコンドリアのみを含む小さいプロトプラスト (ミニプロトプラスト) が得られるのである.

(10) これからの微生物研究のゆくえ

　筆者らの時代には酵母 (真核細胞, ヒトを含む動植物) と下等な大腸菌 (前核細胞) を対比しながら研究を進めてきた. 前者は多細胞である動植物細胞と同じで核の遺伝子 (DNA) が核膜で保護されているが, 後者は核膜はなく, 核は細胞全体に広がっている. しかるに, その後, 地球上の過酷な環境 (熱帯鉱床, 温泉, 塩田, 腸などの嫌気状態) から, 大腸菌の10分の1位の小さい**第3群の微生物群**が発見され "古細菌" (アーキア), と呼ばれるに至った. アーキアはエネルギーの取り方も, 酸素以外の水素, 硫黄, 金属などを利用するものであり, 進化の系統樹から見れば, 全生物共通の祖先から真正細菌と別れた後に真核生物と別れた事が分ってきた. 特に最近, アーキアの一種の細胞が成長した後, ひも状に進化する事が明らかになった事から, このひも状の細胞がミトコンドリアに絡みつきミトコンドリア自体を細胞内に取り込み, 同時に酸素を利用するようになったのではないかと考えられるようになった. 酸素を効率よく利用できるようになると細胞自身が大きくなり, 多細胞になり, 種々の機能を持つようになり, 多種多様に進化できるようになったとも考えられる. これまで生物界は遺伝子を中心に分析されてきたが, それも限界に来た感もあるので, 今後は少し戻って細胞融合を考えては如何であろうか. (9) で述べたように, 筆者らは自然のままのミトコンドリアを含んだ

細胞を調整する方法を開発しているので，それらを利用して生物の進化の道筋を明らかにする事も出来るかもしれないと夢が膨らむ．

第 II 部　旅の記憶——世界の酒・食・文化に触れる

　酒と食は世界中のすべての人々が独自の文化として持っている．幸い筆者は専門が発酵生化学という事で，地球上のどこへ行っても興味の対象に出会う事が出来た．一方，筆者は学生の頃から，欧米人の考え方や表現法が我々とは異なる事に興味を持っていた．例えば，我々日本人は，「これまで見た事もない美しい景色」というが，彼らは「I have ever seen, これまでに見たうちで最も美しい景色」という．また，日本のビール会社は全国どこで飲んでも同じ味に仕上げる様に努力しているが，欧米人は，気候や土質の違う農産物（ブドウや大麦）から作るワインやビールは味が違うのは当たり前と考えている．ただし，マクドナルドやコカ・コーラの世界戦略は，「世界中でどこで食べても（飲んでも）同じ味」としているのも興味深い．

◆ワインと料理をめぐるバイオの世界旅

　筆者は長年にわたって，発酵の謎を解いたオットー・マイヤーホッフの事を調べてきたので，膨大な旅の記録を残す事が出来た．マイヤーホッフの事は第Ⅰ部にまとめたが，それ以外にもその時々に出会った人々，事柄，聞いた情報，自ら感じたこと，考えた事など懐かしいことが多い．しかし，今読み返してみて，一番感じる事は，何といっても数えきれないほど多くの人々のご厚意にあずかったという事である．それらの人々の中にはもう亡くなった人もあり，外国の方々で二度と会えない人も多い．今更どうお礼を言っていいか分からないし，それは不可能に近い．

　以前，ドイツのホテルでサウナ用貴重品ロッカーの小銭を持っていなかったところ，横にいた人が2ユーロ出してくれた．後で返すからといっても名前も部屋もいわない．その時いわれた事は，"Pay it forward"という言葉だった．これは，借りのできた人に直接返すのではなく，次に出会った人に感謝の気持を返しなさい，あるいは渡しなさいという事のようである．「恩送り」とか「恩渡し」と訳すのがいいのかもしれない．これは単なる個人的な貸し借りではなく，そういう良い行為を周囲というか社会に広げて行こうという運動のようである．そういう意味で，旅でお世話になった人々への感謝の気持ちを，これから旅を楽しむ人々に伝えて，利用して頂きたいと考えている．

　中身は筆者の約45年（36〜80歳）にわたる学会を中心とした旅行の記録の中からワイナリーを中心に珍しい出来事（体験）などを抜粋した物である．その間，中には同じ情報を重複して書いているところもある．また，相互に矛盾した事や失敗を繰り返している事もある．

これらについては校正段階で気が付いて恥ずかしい思いをしたが，敢て記載した．というのは読まれる方の中にはある部分だけを読まれる人もおられる一方，30歳代の出来事から80歳に至る時間の流れの中での経緯なので，全体を統一するよりも，その時，その時の旅行毎の出来事として楽しんで頂くのも意味がない訳ではないと考えたからである．旅日記的な記述として，あえて細かい部分も記録を残している．

遺伝子組み換え国際会議の日本での開催が決まる

1978年6月4日（日）：10時35分にシアトルをUA144便で発ち，シカゴで乗り換え，19時07分にマジソン空港に到着した．この時の国際会議（第3回 GIM＝ Genetics of Industrial Microorganisms）は筆者にとって記念すべき学会となった．コーエンとボイヤーが遺伝子組換え技術を発表し，今，正に"遺伝子時代が幕開けする"という異常な興奮に包まれていた．ボイヤーがジーパン姿で現れて，遺伝子導入をした大腸菌によって羊の成長ホルモンを大量生産するという講演をした．遺伝子操作の安全性に関するシンポジウムも開かれ，参加者はみんな興奮していた．興奮すると議論の英語が早くなって，外国人には分かりづらい．何処の国の人か分からなかったが，或る白人が立上って，英語が早くて分からないので，ゆっくり喋って欲しいといったので，みんな意外に感じると同時に笑った．座長をしていたシータス社副社長のケープ博士が「そうだ．そうだ．この会議はアメリカ微生物学会ではなくて，国際会議だ」といったのでさらに大笑いになった．

この時以来，筆者はこの学会と関係する事になり，4年後の会議を日本（京都）で開催する事になった．この日は，夜の8時から自分の発表があり，それを終えてほっとした．

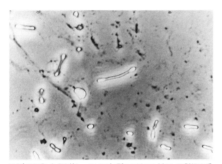

写真18●大腸菌．この実験ではマグロの脳下垂体を利用した．細胞（大腸菌）の両端にマグロの成長ホルモンが蓄積している

写真19●ジョシュア・レダーバーグ

8日（木）：バンケットがあり，有名な微生物遺伝学のジョシュア・レダーバーグ（1958年ノーベル賞）（写真19）の記念講演があった．この人は，大腸菌の遺伝現象を初めて報告した人で，みんな真剣に聞いていた．

華やかな宴会が終わって，東大の池田庸之助教授（当時）から，「どうも明日の総会で，4年後の会議が日本に決まる可能性がある．引き受けるか受けないかどうしよう」という相談があった．筆者は「これは将来性のある大変重要な会議だから，是非とも日本で開いて，遺伝子組み換え技術の呼び水にするのがいいのではないですか」と進言した．

9日（金）：朝の総会で，討論が始まり，いくつかの国が次の開催を希望して手を上げたが，フロアーにいる女性が「お金を貯めて，日本へ行こう」とこぶしを振り上げて発言したところ，

拍手が起こり，そのまま日本に決まった．このような状況で，次の学会（1982）を日本で開催する事が決まり，後に筆者が事務局長を引き受ける事になった．これが日本最初の遺伝子組換え国際会議だった．

遺伝子組み換えの専門家に会う

久し振りにワシントン DC にある NIH で講演し，旧知の人々にも会う事が出来た．

1978 年 6 月 10 日（土）：朝 8 時 55 分のユナイティッド航空（UA）でシカゴを去って，12 時 13 分にロチェスターへ到着した．ここでは日本（東大）からロチェスター大学医学部微生物研究室に留学中の米田祐康さん（富山市，日本ジーン社社長）が迎えてくれた．彼のボスはその後，有名な FDA（＝Food and Drug Administration）の長官になったフランク・ヤング教授だった．ヤングさんは納豆菌の遺伝子組み換えの研究をしていた．稲わらに包んだ納豆が本棚においてあったので，「納豆が好きですか」と尋ねたところ，努力したが食べられないという答えが返ってきた．

11 日（日）：朝 8 時 15 分．米田さんから電話が入り，もうフロントに来ているとの事．直ちにコーネル大学（イサカ）へ向かった．米田さんは車で，五大湖の沿岸を通って，イサカのコーネル大学へ連れて行ってくれた．大学はかなりの角度の丘陵の上にあった．ここには当時，酵母遺伝学の泰斗であるフィンク教授がいた．五大湖の直ぐそばを通る坂を上ったところで，道に迷ったので，フィンク教授に電話をしたところ，直ぐに迎えに来てくれた．それから研究室に行って，遺伝子を酵母菌へ導入する方法の話を聞いた．当時はまだ我々が"新しくて，簡単な方法"を発表する前で，細胞壁を取り除く，古くて手

写真20●ジェームズ・ワトソン

間と時間の掛かる方法だった．それからキャンパスに近い彼の家に案内された．ご両親と一緒に住んでおられて，そこで食事をご馳走になった．大学の裏に大きな滝があって，景色が良いという事で，奥さんと一緒に近くの滝を2ヶ所案内してくれた．コーネル大学は山手の環境の素晴らしいところだ．

コールドスプリングハーバー研究所

　15日（木）：ロングアイランドのコールドスプリングハーバー研究所を訪ねた．旧友の荒井孝司君（三井物産OB，ネプチューン社社長）が休暇を取って案内してくれたので，二人でドライブを兼ねて出かけた．ここは初めて遺伝子DNAの化学構造を決めたワトソン博士（**写真20**）がいる世界的な研究所である．毎年夏には「酵母に関する講習会」を開いているので，筆者も一度参加したいと思っていたところである．後年（1982）筆者らが開発した「新しい生酵母の形質転換方法」をこの講習会で取り上げてくれたお陰で，クリスマスの頃までに全米で採用されるようになり，その後，全世界に広がった恩のある研究所だ．

　この辺りはリゾート地帯で，いろいろな店が並んでいた．アヒルをたくさん飼っている農家もあり，のんびりした田園風景が続いた．シャーマン博士から紹介状をもらっていたので，ブローチ博士に面会

して，当時のアメリカにおける酵母研究の状況を教えてもらった．敷地の一番奥まったところにワトソン博士の屋敷があった．

メキシコの国際トウモロコシ研究所

　1978 年 6 月 23 日（金）：午後 1 時 40 分の飛行機でワシントン DC を発ち，ヒューストン経由で，夜の 8 時ごろにメキシコ市に着いた．メキシコ市は標高 2240 メートルの高地にあり，緯度からいうと亜熱帯だが，一年中温暖な常春の都市である．ここの空港は街の真ん中にあったので，着陸する時，街の光が綺麗に見えた．ここで日本から来た大塚勝弘氏（京大農学部）と合流した．同氏はスペイン文化に興味をもち，何度もスペインを訪問している人物で，筆者の研究室に留学してきたメキシコ人留学生アルテミオ・サントス（Mr. Artemio Santos）君の面倒を見てくれたところから，一緒にメキシコのサントス君の故郷モンテレイを訪問するように招かれたのである．

　この時のメキシコ行きにはもう 1 つ目的があった．国際トウモロコシ小麦改良センター（シミット：**CIMMT**=Centro Internacional de Mejoramiento de Maiz y Trigo）を訪問するためである．これは世界の食糧危機に備えて，ロックフェラー財団によって作られた 2 つの研究所の 1 つで，もう 1 つはアジアに作られて，こちらは米（コメ）の研究をしている．筆者はここも後日，訪れる機会を持った．

　シミットでは当時，京大農学部作物学研究室の鳥越洋一博士が研究をされていた．同博士の計らいで，研究所内にある宿泊所に泊めて頂いた．白作りの建物で，ベッドには赤，緑，青などのメキシコ特有のカラフルな毛布がかかっていた．

◆カナダのバイオ会議後，アメリカ・ナパバレーへ（1980,07,18-08,15）

　カナダで開催された第6回国際発酵会議に出席した後，アメリカへ回り，ボストン，ボールダー，サンフランシスコを回り，ノイベルグの娘フォレスト博士と会い，マイヤーホッフの長男ウォーター・マイヤーホッフ博士を訪問した．

　1980年7月26日（土）：午後3時半にワシントンDCの国際空港に到着し，ボルチモア大学のリー研究室で研究している川口吉太郎博士と二人の子供さんの出迎えを受ける．彼のフォルクスワーゲンで，ホワイトハウスを回って，その後，懐かしいワシントンDCを通り過ぎて，ボルチモアまで行く．6時半に川口宅に到着．

　8月4日（月）：MITで講演をする．講演にはハーバード大学で酵母の研究をしているフランケル教授も聞きに来てくれた．その夜は，デュメイン教授がレストラン・アンソニーピヤー4へ招待してくれた．これは埠頭にあるレストランで，入り口の飾り窓にいろいろな魚介類を飾っていた．

　10日（日）：ボールダーを発って，サンフランシスコ（SF）に到着した．こちらに留学中のサンスター研究所所長の牧野武利博士夫妻が出迎えてくれた．彼は友人小田順一教授（京大化研）の学生だったのでよくソフトボールを一緒にやった．早速，フィッシャーマンズワーフにあるレストランピヤー39で魚介料理を食べながら，この地の研究生活の事を聞いた．

アメリカワインの本場ナパバレーを訪問

1980年8月11日（月）：念願のアメリカワインの里ナパバレーを訪問した．中央に幅の広い道路が通っていて，その両側に色々なシャトー（醸造所）が並んでいる．何処を訪問するのがいいのか迷うほどである．まず，ロバートマンダビ社を訪問した．ここはステンレススチールの発酵釜を使用しているのが特色である．ここではブドウの80％を手で刈り取っている．次いで，ルイ・マチーニ社を訪問した．これは単一の家族が所有している数少ないワイナリーの一つである．全て辛口のワインを作っていて，そのうち，80％が赤ワインである．800エーカーの畑に，12種類のブドウを栽培していて，そのうち，ピノ・シャルドネが入っている．また，熟成に使うレッドウッドの樽が特徴的である．アメリカオークも高価（90ドル）だが，フレンチオークはもっと高い（250ドル）という．10年前の，1969年ものの赤と，去年（1979）の赤を比較して飲ませてくれた．

農産物から作るアルコール飲料は差異のでるのは当然

社長の話で興味深かったのは，ブドウの種類やでき方を見て，毎年ブレンドを変えているという．社長自らブレンドをするそうだが，いつも同じ物を作る気は全くなさそうである．農産物は気候と土壌に影響されるので，毎年違ったものができるのは当たり前．だからそれから作るワインも味が違って当然というわけである．

日本では，どのビール会社もその会社の製品はいつも同じ味に仕立て上げようと努力しているので，その点の考え方が違うのである．アメリカでは同じ会社のビールでも，州により，或は年によってアルコー

ル濃度が違うといわれる．例えば，ビールのバドワイザーなども東部
と西部ではアルコール度数も違うという．ただし，アメリカの大企業
であるコカコーラ社，マクドナルド社などは世界中の「どこで食べて
も同じ味」をキャッチフレーズにして商品を販売しているのは興味深
い．

　12日（火）：リリー社と組んでインシュリンの大量生産に成功した
ジェネンティック社は，シータス社，バイオージーン社等と並んで
遺伝子工学を表看板にしたベンチャービジネスで，21世紀の企業と
いわれ目下急成長中である．株公開時に，1株35ドルだったものが，
20分で89ドルになったという．ちなみに同社の今年の従業員の増加
は，4月86人，8月130人になり，今年（1980年）中に150人にし
たいという事だった．社員の平均年齢が30歳前後ということで，研
究室をどんどん増やしているという成長中の活気溢れる会社である．

　ジェネンティック社と並び称せられているシータス社もバークレー
の町の中にいくつも実験室を持っていた．あちらこちらの建物を少し
ずつ買い取っていて，将来これらを統合して大きいビルディングを建
築する意向だった．シータスというのは，ラテン語か何かで"鯨"の
ことで，実験室の壁に大きな鯨の絵が描いてあった．私自身もシータ
スのナイドルマン博士からダークブルー地に白い鯨のデザインの入っ
たネクタイをもらった．ただ，シータスと聞くと，会社をあげて遺伝
子組み換え研究をやっているように誤解されているが，実際には
40％位の人がやっているだけで，残りの60％は，遺伝子工学以外の
ことをやっているという話だった．最近は日本からの訪問者も多いと
聞いていたが，エイモン副社長から次の話を聞いて，日本人として何
となく肩身の狭い思いがした．

日本企業も特許を買いあさるのではなく研究の初めから投資をして欲しい

　彼の話では,「会社を始めた頃, 資金が欲しかったが日本の企業はどこも相手にしてくれなかった. ところが, 最近は非常に多くの日本人がやって来るようになった. 飛行機がサンフランシスコへ着くと, バスを連ねてやって来る. 但し, われわれは案内用のスタッフを持たないので, 最近では, シータスフレンド以外は断わる事にしている」「我われは, 日本人はもちろん世界中のどこの国ともパートナーになることにやぶさかではない. しかし, 日本人は研究段階から一緒にやろうとはせず, 研究が完成してからやって来て, 必ず,「特許になったものはないか?」という. 我われが相手を求めているのは研究段階からの協力である. 誤解のない様に言っておくと, 我われは研究で儲ける心算はない. 研究の成果で儲けるのである. 日本の企業も国内で研究費を使っているのであるから, それを米国で使うことを考えてもよいのではないか. 研究の結果, 良い成果が出れば, お互いの利益になる. 研究が終わってから来られても, 既に別のパートナーとの契約があって, シータスが単独で日本の会社と契約することは出来ない. このことは, 日本人にいくら説明しても理解されない. 私は頭にくると共にアポイントメントを求めてやってくる彼らをどう扱ってよいか弱っている. 彼らは我われの時間を無駄にしていると共に, 彼ら自身の時間をも無駄にしている」. エイモン博士はこのことを日本へ帰ったらよく皆に伝えてほしいと何度も言っていた.

　これまで私達日本人は, 外国で開発した特許を買って来て, それを改良して, より良いものを作ることで, 経済成長を遂げてきた. しかし, 今後はそういうやり方は許されないだろう. 研究段階から参加するか, こちらも相手が持っていないような特許をとって相手のものと

クロスライセンスの形で交換することなどが要求されてくる．研究の独創性が求められる所以である．

コラム
アメリカのベンチャー企業と日本の企業
column

　旅の途中の 1980 年 7 月 24 日（木），アメリカのベンチャー企業を訪れる機会があった．この時期にアメリカではベンチャー企業が幾つかできた．その一つがシータス社で，そこの副社長がエーモン博士（Dr. Amon）である．彼と話をすると次のような事を言った．シータス社は 13 人で始めて，現在 250 人ほどになった．基礎研究を中心にしているので，スケールアップ以後の工程は他の企業に任せるという．発酵タンクも現在のものは，最大のものが 16 リットルで，今後大きくしても 100 リットル止まりだという．世間では遺伝子組み換え専門の会社のようにいうが，それをやっているのは，40％の人だけである．

　ところで，エーモン博士の話では，「今，日本からの飛行機がサンフランシスコ空港に着くと，大勢の日本人が押しかけてくる．我われは案内用の人間を用意していないので，研究者が時間を取られて困っている．会社を立ち上げた頃，日本の企業で一緒にやってくれるところを探したが，何処もパートナーになろうとしなかった．ところが，今，やってくる日本人は大抵，出来上がったパテント（特許）を欲しがり，始めから一緒にやろうというとみんな尻込みをする．しかし，**研究というものは野のものとも山のものともわからないところから始めるもの**であり，研究が成功して，特許にまでなった段階では，それまで一緒にやってくれたところとの関係（契約）があり，シータス社だけで日本の企業とやろうというような決定はできない．この話を聞いて，感ずることは，

「研究が良いかどうかはっきりしない段階ではじっと我慢していて，ひとたび，良いと分かると，遅れをとらないように我先にと駆けつける日本人の姿を象徴している」もので，非常に恥ずかしい思いをした．

◆ドイツの町々 （1984,09,08-25）

　ドイツ（ミュンヘン）で開催された第3回ヨーロッパ・バイオ会議に出席後，西ドイツの各都市（ミュンヘン，ヴュルツブルグ，トリア，アウブスブルグ，マインツ）を廻り，ライン河下り．コブレンツ下船後，汽車で**モーゼル河**（ワイナリー），トリア，ルクセンブルグ，西ベルリンの**ダーレム**（旧カイザー・ヴィルヘルム研究所内のマイヤーホッフ研究室）．中世の街**ゴスラー**を訪問した．

　1984年9月9日（日）：今日は重陽の節句である．大阪（伊丹）空港発の英国航空で朝6時半にイギリスのヒースロー空港で飛行機を乗り換えて，ミュンヘンへ向かう．タクシーでホテルクラフトに入る．シャワーを浴びてから，欧州バイオ会議の会場になる工科大学まで，Ｕ（地下鉄）を使って行ってみる．大学とピナコテーク（絵画館）は隣り合わせである．アルテピナコテークは流石に一流である．ダ・ヴィンチ，ラファエロのものは2〜3枚だが，ルーベンスとヴァンダイクのものは多数あった．ヨーロッパのコレクションを見ると，何か中心になる作家の作品を圧倒的に多くもっている．グレコは一枚だけで，スペインのトレドで見たものとは少し作風が違うように思われた．レンブラントは3枚あって，やはり素晴らしい．小生は従来，絵画にはほとんど興味がなかったが，ヨーロッパでは何処へ行ってもいろんなコレクションがあり，いろいろな名画の実物を何枚も見せられると自然に興味が湧いてくる．アルテピナコテークを出て，中央駅まで歩く．

　10日（月）：午前中にドイツ科学博物館を訪問．規模大にして圧巻．全て重要な科学の定理を実験で確かめる事ができるように作ってある．流石に科学の国ドイツであると感心した．

午後から第3回欧州バイオ会議の開会式があるので，それに出席した．音楽で始まる開会式はあくまで優雅だった．開会式のあとのレセプションで福田秀樹神戸大教授（その後学長）をはじめ多くの日本人に会った．この会議に対して，日本から4〜5組のツアーが組まれていて，日本人が40〜50人ほど来ているという．

11日（火）：曇り．9時から午後2時まで，ホテルコンチネンタルで国際ジャーナル（AMB＝Applied Microbiology and Biotechnology）の国際編集会議が行われた．日本からボードメンバーを10人選んでほしいということで，任期は3年間である．その間，小生のやることは原稿，特に質の高い原稿の収集と，そのために程度の低い原稿の掲載拒否率を上げて，雑誌としてのインパクト・ファクターを上げる事である．それにジャーナルの発行部数の増大も求められている．午後からも編集会議は続いた．要するにこのジャーナルを10年かけて，質の高い投稿誌にするにはどうすればいいかという事だった．

福田秀樹教授が明日の学会ツアーの券を買ってくれたので，一緒にノイシュバインシュタイン城行きを決める．

12日（水）：今日はノイシュバインシュタイン城の見学ツアーである．タクシーで福田教授のホテルイサトールに行く．入り口が食堂のようになっている小さなホテルだが，3Aの良いホテルである．こういう**ホテルのランキング**はサービスやホテルの大小とは関係なく，**防火設備など安全性**の良し悪しで決まるという．8時半にカールス広場からバスで出発して，一日がかりでこの城だけを見るというゆっくりしたツアーである．11時ごろに城に着いて，2時45分まで自由行動となる．南ドイツの連山の中腹に作られた白い城は流石に感動的である．山の麓は平原のようになっていて，バスで走りながら中腹にある城を見る事ができる．内部もきれいで，ワグナーを好んだ主人公のバ

イエルン王ルードウィッヒ II 世が原因不明の謎の死を遂げたのもこ
の城をロマンチックにしている．

ロマンス街道のフランケンワインとクレフト家の朝食

　15 日（土）：ミュンヘンのホテルクラフトを去って汽車でロマンス
街道を通って北のヴュルツブルグへ向かう．12 時 57 分に列車はヴュ
ルツブルグ駅に到着した．ユンゲン・クレフト博士との久し振りの再
会である．直ちに車で町全体を案内してくれた．次に，二人で広いブ
ドウ畑を廻った．ここは有名な**フランコニアン（フランケン）ワイン**
の産地である．スペインで使われているのと同じ形をしたボックスボ
イテルと呼ばれる緑色のビンの使用が許されているドイツで唯一のワ
イナリーであるという．

　クレフト一家と犬も連れて，マリーエンベルグの要塞を散歩する．
ここは丘の上になっていて，眼下にヴュルツブルグの街とマイン川が
眺望できる．残念な事に雨上がりで少し煙っている．彼も大変残念がっ
ていたので，京都の嵐山というところは雨が降ったときの方が良いと
いう事で，わざわざ雨の時に出かけて行く人もあるぐらいで，それは
またそれで風情があるといって慰めた．

　16 日（日）：曇り．朝からマリーエンベルグ要塞にある博物館を見
た．この町の生んだ世界的に有名な**リーメンシュナイダーの作品**が多
く飾られていた．彼の作品は特に顔の表情が良かった．肖像画も多く
見たが，画面の人物が何年か前に実在したと考えると何か不思議な気
がする．顔を見ているとその性格までも出ているような気がする．ヨー
ロッパの博物館には肖像画も多く，この頃は特にそのような感じがす
る．

　クレフト博士は途中で郊外の"夏の家"と呼ばれる美しい町へ連れて行ってくれた．これはまた誠に可愛らしい中世の町で，今だに周囲が壁に囲まれていて，囲いの中の家は家で，古い昔ながらの建造物で，どの家も窓に花を飾っていた．

　17日（月）：10時半に大学へ到着．11時から講演をすることになっていたが，実際に始めたのは，11時15分で，割合のんびりしている感じだった．もっとも，案内ポスターにも，**11:00 ct** となっていて，**ct** というのは大体その頃という事だそうである．

　15時23分の汽車でマインツに向った．約2時間かかって到着．ここのホテルは，Hotel am Roemerwall である．これは個人的なホテルだがなかなか立派なもので，フロントで鍵を渡してくれて，あとは勝手に出入りするようになっている．シャワーを浴びてから，夕食を取るために街に出る．一人で歩いて，オーガスチン通りへ出て，オーガスチンセラーに入る．黒ビールとラインワインを飲んで，スープを注文．やはりラインワインは美味い．この後，モーゼルワインを飲みに行く．これまでの所，小生にはラインの方が良いが，フランケンワインも悪くない．ワインのアテにミュンヘンで食べて美味かった"**血のパテ**"を注文したが，ここにはないという．ウエイトレスの話では，「**あれは野蛮人の食べ物だ**」という．マインツとミュンヘンでは食文化が違うようである．メインディッシュのビーフステーキも大きいもので，17.30 マルク．

ラインガウ，モーゼルワイン

　18日（火）：ライン川下りをしてローレライの岩を見物してモーゼルのワイナリーを訪問する．ドイツ人がラインガウと言うのを聞くと

一瞬「ライン河」かと錯覚するが、ガウはドイツ語の gau で、本来は
"水辺の地方"を意味するが、ライン川沿いにあるワイン栽培地域名
である。ローレライの岩には日本語の落書きもあった。日本語とドイ
ツ語だけなので、英仏人に比較して、いかに日本人が多いか想像でき
る。ここを通るときにはローレライの音楽が鳴り、これがハイネの詩
であると放送があった。放送は独英仏語で行われている。ただし、ハ
イネがユダヤ人なのでナチスの時代にはローレライの音楽はなかった
という。

モーゼルのアルバートワイナリー

　アルバートワイナリーはユンゲンの研究室にいる女性の実家で、兄
と両親がやっているということで紹介してもらった。個人経営だがき
れいな建物で、立派にやっているように見受けられた。79 歳という
お父さんと当主のアルバートの二人で、地下のセラーからぶどう園ま
で、とても熱心にいろいろ説明してくれた。日本から日本酒の大瓶を
持参していたので差し上げたところ大変喜ばれた。以前、日本人の世
話をした事があるということで、親日感がある。ぶどう畑から帰って
来るとお袋さんがパンの上に、ハム、ソーセージ、チーズを乗せたも
のを出してくれた。日本と違って、大層なことはしないが、気持ち良
かった。土産に"1976 年物の自家製のモーゼルワイン"を一本くれた。
若いアルバートは別の所に住んでいるとのことで、小生をホテルまで
送ってくれた。

歴史の冗談とキメラ

19日（水）：朝6時半，
近くの教会の鐘の音が聞
こえてくる．のんびりし
た田舎町の雰囲気だ．こ
の日は，古いローマの町
トリアを訪問後，ルクセ
ンブルグへ行く．

写真21●キメラの像

7時54分発のIC（都市を繋ぐ急行）で，8時17分に**トリアへ**着く．
トリアは，『資本論』で有名なかのカール・マルクスの故郷である．
この町は，ローマ時代以来，最も保守的なカトリックの町である．そ
こからマルクスが出たのは「**歴史の冗談だ**」といわれている．約5時
間でこの町（トリア）を見学する予定である．先ず，黒い門から始め
て，バシリカ，浴場跡など，ローマの遺跡が多く残っている．博物館
にはローマ時代の墓石に刻まれた多くの**キメラの像**（**写真21**）があっ
た．キメラとは二種類以上の遺伝子（DNA）を結合した生物の事で，
ギリシャ神話に出てくる想像上の動物の事である．丁度今，遺伝子組
み換えの仕事をしていて，キメラの写真を集めているので，これ幸い
とシャッターを切った．この秋に講演を頼まれているので，「マルク
スの亡霊からキメラまで」と言う様な演題で話をすれば，トリア博物
館の案内にもなってちょっと面白い話ができそうである．

20日（木）：10時40分発のルックスエアーでルクセンブルグを発っ
た．フランクフルトで時間待ちの後，13時50分の飛行機で西ベルリ
ン入りした．空港にはクラインカウフ教授の秘書をしているデイ夫人
が"Dr. Kimura"と書いたプラカードを持って迎えに来てくれていた

ので助かった．それから，クラインカウフ教授室へ直行した．彼が私のために，マックス・プランク研究所のゲストルームを予約しておいてくれたのでそこへ入る．No.5 の鍵で自分の部屋はもちろん，入り口までも開閉ができる．食堂の冷蔵庫には小生の食事が3回分用意してあった．ゲストルームは広々としていて，ゆったりした気分になれた．1時間ほどくつろいでいると，クラインカウフ夫妻がピックアップしてくれて，"香港"という中華料理店でご馳走になった．アルベルトにもらった 1976 年産のモーゼルワインをプレゼントした．

ドイツ科学のメッカ・ダーレムにある旧カイザー・ヴィルヘルム研究所

　朝から，ホルスト（クラインカウフ教授）の案内でダーレムにある旧カイザー・ヴィルヘルム研究所の建物を回る．20 世紀最大の生化学者の一人というオットー・ワールブルグの研究室があったという建物の前にエミール・フィッシャーの像があり，写真を撮る．この建物は現在図書館になっていて，クラインカウフ教授の口添えで，いろいろ資料をもらう事ができた．それから**放射能の生みの親**であるオットー・ハーンの居た古い建物に行ってみた．外から見える位置に，銅版がはめ込まれていて，「**ハーンによって世の中が変わった**」という事が書かれていた．この辺りが流石にドイツ科学の伝統だと感心する．昼飯にはベルリン名物の**アイスバイン**を食べる．一寸酸っぱい味の豚肉料理でそれほど美味いものとも思わない．それからベルリン工科大学で講演した．有名なウィトマン教授がわざわざ来てくれたので感激した．その上，昨日会った副学長のキュンケル博士から，デイ夫人を通して，ワインが二本届けられた．これは驚きと感激だ．2時からの講演が終って，5〜6人から質問を受けた．マラヒイル博士と仕事の

話をする．彼らのやっている抗生物質の多機能性生合成酵素は面白いが，まだなかなか先が遠い感じだ．我々のグルタチオン合成酵素は丁度彼らと反対側から同じ視点を狙っているもので面白かった．

写真22●左からアーニー・デュメイン，ホルスト・クラインカウフ，筆者．1983年ベルリンの国際会議にて．

クラインカウフ邸のパーティー

　夜の7時からクラインカウフ教授の家でご馳走になり，子供さんのニエルスとアニーとも一緒になった．8時からパーティーになって，ウィットマン教授夫妻，サルニコン博士夫妻，デイ夫人らが来てくれた．難しい顔をしていたウィットマン教授が，いろいろな体験談を一人で喋ったので，なかなか面白い人物だと思った．しかし，後から，そのことをクラインカウフ夫妻に話すと，あれはあくまで個人的な顔で，やはり，通常のオフィスでは難しい人物だという事だった．彼らの話だと，忙しいウィットマン博士がパーティに出てくることは非常に珍しいとのことで，普通は招いても出て来ないそうである．ホルスト（クラインカウフ教授）の話では「多分お前と知り合いになりたいのだろう」という事で，まことに光栄だった．この前の副学長のキュンケル博士，7月にポルトガルへ行った時の所長といい，こういう大物達が贔屓にしてくれるのは誠に光栄である．小生の講演も好評だったようで，ホルストが面白い仕事をやっていると何度も褒めてくれた．

東ベルリンのハイウェーを通って中世の町ゴスラーへ

　22 日（土）：朝 9 時半にホルストとマーガレット夫人がピックアップしてくれた．夫妻と三人で，東ベルリンのハイウェーを通過して，二人の故郷ゴスラーに向う．これは中世の町だ．**西ベルリンは陸の孤島**といわれ，周囲を東ドイツに囲まれているので，西ベルリンから他の西側の都市に車で行くにはどうしても東ドイツ地区のハイウェーを通らなければならない．税関を通るときは流石に緊張した．パスポートと写真，それに 5 マルクが必要である．予め，写真を持っていたので，スムースに行った．それから奥さんの運転する車に戻って通関したが，役人が恐ろしい目をして，三人の顔と写真を見比べていた．

　東ベルリンを通過する時は ①ハイウェー以外は通れない ②時速 100 キロ以下のスピードで走らねばならない．速く走ると必ず捕まるそうである．

　ハイウェーの両側は林になっていて，そこに色々なレーダーが仕掛けてあって，車からは誰もいないように見えても，違反すると直ぐ捕まって五月蠅いらしい．写真も風景を 1 〜 2 枚撮っただけで慎んだ．ハイウェーを走っていると，隣に東ドイツの車も走っていたが，これは国境の入り口と出口から何キロか内側だけの話で，出口近くになると分かれ道があって，東ドイツの車はそこから出て行くようになっていた．途中にパーキングエリアがあり，ガソリンの給油とウイスキーやタバコの売り場があったが，西側の人間だけが利用できるという事だった．入り口に係官がいてパスポートのチェックをしていた．この場所で西ドイツの人と東ドイツの知人が予め打ち合わせておいて会うことがあるらしいが，直ぐ捕まるとの事だった．何でもないような顔をした私服の係官がいて，監視しているようである．途中のパーキン

グ場から 2 時間ほど走って，西ドイツ側へ入って流石にホッとする．ホルスト夫妻もホッとするようだった．

　23 日（日）：午前中に博物館を見学，午後は炭鉱を見物した．ゴスラーは，微生物学者として有名なコッホの生まれ故郷で，彼はここで働いていた事があるという．模型の炭鉱が作られていて，見学者も地下へ入って炭鉱の雰囲気を体験する事ができた．

　夕方，ホルストに送ってもらって，ハノーバー空港へ出る．18 時 45 分発の飛行機でフランクフルトへ向った．約一時間の飛行で，フランクに着き，空港内のシェラトンホテルに入る．

ダーウィーンの生家訪問

　1987 年 06 月 17 日（水）：ロンドンの街は何度歩いても楽しい．この日はシンプトン，バーバリー，オースチンリードを廻って，午後はダーウィーンの生家を訪問したが，これが大変だった．

　ビクトリア駅を 12 時半に発つ汽車に乗った．こちらの汽車は各コンパートメントの窓側に一つずつ出入口の扉がついていて，お客が必要に応じてボタンを押せば扉が開くようになっている．汽車が止まるとそれらの扉が一斉に開いて人が降りてくる．日本では危険だといって，絶対に作らない代物だと思う．30 分ほどでブロムレイサウス（Bromley south）に着いた．有名な**ダーウィーンの生家**（博物館）なので，そこで聞けば誰でも知っているものと思って正確な住所を持って行かなかったが，実はこれが大失敗だった．誰に聞いても知らなかったのには参った．駅のトラベルセンターで尋ねても，全く分からないという．

　この話を帰国してから文科系の知人に話したら，彼もアダム・スミ

写真23●ダーウィーン生家の室内（ロンドン郊外）夫人がピアノを引いてダーウィーンは手前の椅子に座って聞いていたという

スの生家を訪ねた時に同じような経験をしたという．アメリカでは誰もワシントンの子孫の事を知らないというが，イギリスでもこういう著名人の生家などという物には関心がないようである．

雨が降りそうになってきたので，タクシーを拾う事にした．タクシーの運転手なら誰でもダーウィーンハウス（DowneHouse：Downe Orpington, Kent）まで連れて行ってくれるだろうと思ったからである．ところがこれがまた誰も知らないという．何人かの運転手に聞くうちに彼なら知っているだろうという人がいたので，その運転手に頼んで，連れて行ってもらうことにした．6マイル位だという．だんだん田舎へ行く感じで，やがて深い森の中へ入って行った．こういう田舎の森の中から世界を揺るがすような思想が生まれたとは全く信じ難いところで，文化文明というものについて考えさせられた．丁度5ポンド（1250円）でダウンハウスに着いた．ダーウィーンの家は立派できれいで，大きな家である．ダーウィーン自身が使っていたと思われる古い標本の収集箪笥もあった．取っ手が大分磨り減っていたので，それに触れた時，ダーウィーン自身がこれに触って標本の出し入れをしていたのかと思うと，150年の時を越えて何ともいえない感動があった．ダーウィーンがミミズの研究をしたという庭へ出て写真を何枚も撮った．

ジェントルマンとは？

　ダーウィーンは典型的なジェントルマンであるといわれる．ジェントルマンとはジェントリーという上流階級の人々の事で，普通にいう職業には就いていない．彼らは職業欄に無職という代りに，Gentleman と書いておくと聞いたことがある．最近同級生の会で退職すると肩書をどうするか困るというので，ジェントルマンあるいは gentleman と書く事を勧めている．これは漱石のいう「高等遊民」である．ジェントルマンは背広は一着しか持っていない．それがいくらボロボロになっても，それにヒジ当てをつけて，着ているのだという．その代わり，彼は豪華な乗馬服とか立派な狩の服を持っていた．要するに働かないで，ぶらぶらと好きな事をしている人で，何も言わなくてもその土地では周囲の人々が何処の誰であるかを知っている．それがジェントルマンなのである．もし，ダーウィーンがジェントルマンでなかったら，進化論は生まれなかっただろうといわれる．今日，科学者と呼ばれる人間は，石を蹴れば当たる程いるが，科学者と呼ばれる人間が現れたのは 19 世紀になってからである．それ以前は金持ちだけが興味の赴くままに，自然を研究していたのである．だからニュートンなども科学者と呼ばれた事はなく，哲学者と呼ばれていたという．

アメリカ FDA のヤング長官を訪問

　1987 年 6 月 23 日（火）：曇り．今日はいよいよアメリカ FDA の長官フランク・ヤング博士を訪問する日である．**FDA**（Food and Drug Administration）は食品や医薬品の安全性を決めるところで，世界の指導的な役割を果たしている役所である．日本の厚生省と農林省の機能

写真24●アメリカ FDA 長官フランク・ヤング
　　　博士を訪問

を併せ持っている．しかし，ここは海軍に属しているという．その昔，船でアメリカへ入ってくる品物（主として食品）の安全性を管理していたからだという．FDA の旗には船の錨が描かれていて，長官のフランク・ヤング博士は海軍の軍服を来て現れた(**写真24**)．彼はもともとロチェスター大学医学部の教授で，日本の納豆菌の遺伝子組み換えを研究していた．日本ジーンの社長をしている米田祐康さん（当時東大）が留学しておられて，私も一度，研究室を訪問して，お目に掛かったことがあった．

　フランクは名前の通りフランクな人で，日本（京都）にも来たことがある．口笛が上手で，クラブで自分の知らない日本語の歌に合わせて素晴らしい口笛を披露した．今回の訪問は遺伝子組み換え産物に関する FDA の見解を長官自らの口から聞く事だった．

　詳細は省くが当時我々の研究室で研究していた次の様な事項を聞いた．

（1）我々の研究室で遺伝子組み換えで育種した酵母菌で造った酒は許可が受けられるか？（セルフクローニングは全く問題ないとの事だった）

（2）マグロ成長ホルモンの遺伝子を取得したので，それを用いてマグロの養殖を考えているがその使用許可はとれるか？（家畜の

　　成長ホルモンと同じで問題があるとの事だった)

(3) 発毛剤ロゲイン(ミノキシジール)がアップ・ジョン社から申
　　請されているが許可の見通しは?(これについては現在はノー
　　コメント)

　……などである.

　長官のスケジュールは早朝から詰まっているとの事だった.実際,
筆者が約束の時間に行ったところ既に前の予約の人が部屋に入ってい
て,小生が出てくると次の人が待機していた.

　夕方,NIH(米国立衛生研究所,National Institute of Health, 9010
Bradgrove Dr. Bethesda, MD20817)に立ち寄って,ウイックナー博士
(Bldg. 8, Rm. 209)やテーバー博士夫妻(Bldg. 4)にも会った.久し振
りだが皆さん全く変わっていなかった.

キューバ(メキシコ)訪問(1989, 04–)

　キューバ科学院のデルガド博士からの招待で,キューバに行くこと
になった.当時のキューバはまだ,鎖国性が強く,特にアメリカとは
断交していたので,直接アメリカからの入国は出来ず,**メキシコ経由
で入国**した.ただし,貨幣は米ドルであった.国が断交しているのに
米ドルを使っているのはおかしいではないか?と聞いたところ,「**ア
メリカ帝国主義は敵だが,アメリカ国民は敵ではない**」ということだっ
た.

　16日(日):19時半にハバナに到着した.デルガド博士が研究室の
女性と一緒に綺麗な花のレイを用意して,我々家族を出迎えてくれた.

　17日(月):会議の冒頭にキューバのバイオテクノロジーの説明が
あり,政府がインターフェロンをはじめとしてニューバイオに力を入

れているのがよく分かった．開会式の後,デルカド研究室を見学して,
スタッフたちと話をした．こちらではみんなよく働くようで,研究所
の連中も 14 時間ぐらい働くという．そうしないとキューバの科学は
成り立っていかないのだという意識がある．みんな陽気で,貧しいな
がらも自分のペースを守って生活している感じで好感が持てた．

21 日（金）：午前 7 時にモーニングコールで起きた．食事をして,
8 時半のバスで会場へ向った．9 時から座長をして,10 時半から講
演をした．ベネッツ博士とオリバー博士が座長をしてくれた．講演の
後にベネッツ博士が来て,久し振りの再会を喜んだ．スプリット（ユー
ゴー）の学会以来である．あの時,彼が約束してくれたお蔭で,今回
キューバへ来ることが出来たとお礼を述べた．彼はこれから,遺伝子
組み換えの講習会を企画しているので,講師として推薦したいという
事だった．

22 日（土）：8 時半頃食事に行くとまたスイスのフィヒター博士に
出会った．時々学会ではこういう人が出てくる．つまり,何の打ち合
わせもしていないのに,いく先々でよく出会うのである．今回の学会
でのフィヒター博士がそうだ．そこへエストニアからきたという,ヴィ
ルー博士(Dr. Raivo Vilu)がやった来た．小生の講演を注意深く聞いて,
大変面白かったと褒めてくれた．11 時ごろまで 3 人で喋った．

国防について考える

エストニアは目下独立運動中で大変だとの事だった．人口 150 万人
ぐらいの国らしい．フィンランド,ハンガリーの 3 国は同じ民族で,
スラブ人ではない．東洋系のフン族である．当時のソ連の体制はまだ
我われには強固に見えたが,ヴィルー博士の話では, 2 ,3 年のうち

には崩壊するという．半信半疑で聞いていたが，その後の経過は知られている通りで，やはり彼の話が正しかったということが後で分かった．フィヒター教授の話では，永世中立国のスイスでも国が小さいので周囲の大国にやられないように常に自衛に気をつけているとの事である．教授自身も家に武器をもっていて何かあれば，いつでも1日で結集できるように訓練されているとの事だった．スイスの都市であるベルンはフランスの，チューリッヒはオーストリアの動きに対して常に注意を払っているとの事だった．教授はいくつか興味深いことを話したが，13世紀から現代に至る，世界各国の興亡をよく知っていて，日本の元寇のこともよく知っていた．確かに，あの時，神風が吹かなかったら，日本はどうなっていたのだろう．実際に征服されていたら，そして，その占領が何百年も続いていたらどうなっていたのだろうと思う．ヨーロッパでは占領が何百年も続くことも珍しくない．ヨーロッパのあちこちには今だにトルコ人のゲットーがあって，100万人ぐらいが住んでいるという．ゲットーはスイスにもドイツにもあるとの事だった．

　南フランスの海洋研究所を訪ねた時も美しいピレネーの山中にいくつかの見張り台があって，常に隣国スペインの動きを警戒しているという事だった．陸続きの隣国には常に警戒心を持っているという感覚は，四方を海に囲まれている日本人には全くないものである．彼らの話を聞いていて，国境問題とはそういう物かも知れないと思った．現在問題になっている拉致問題や北方領土問題もこの辺りに遠因があるのかもしれない．

◆ヨーロッパのクリスマス(1989,12,10-27)

　年末のクリスマスの時期に南仏マルセイユで酵母の学会をするという事で,講演をするように招待された.又とない機会なので,ヨーロッパのクリスマスを経験したいと思い,娘とその友人を連れて出掛けた.

フランスの酵母研究

　何といってもフランスの酵母（微生物）研究には**パスツール**以来の伝統がある.そのため初期の文献は全てフランス語で書かれているので,フランス語が出来ないものは苦労したが,その後,世界の流れはアメリカ中心になり,パスツール研究所ですら機関紙のフランス語を止めて英語に変更した（1989）.

　思い出すのは,1980年カナダのロンドンで開かれた国際発酵工学会議で,当時のフランスの大御所だったセネッツ博士に会った事である.彼は我々が計画していた1982年のGIM（微生物遺伝国際会議）に対して,その年にボストンで学会を開くので,日本のGIMは取り止めた方がいいと言い出したのだ.既にかなりの高齢だったが,高齢の老人がサンドイッチを食べながら,まくし立てる姿は一寸滑稽であったが,ここは分かったような,分からないような顔をして,聞いておくのがよかろうと思って黙って聞いていた.セネッツ博士が小生にワァーと言い出したので,GIMを開催する側のアメリカのセベック博士が明らかに困惑したのが分かった.多分セベック博士は,ここで小生が日本での学会開催を固執し始めたらどうなる事かと心配したに違いない.そこで彼に分かったというサインを出して,セネッツ博

士の話を聞いていた．小生の態度に安心したのか，セベック博士はセネッツ博士の向こう隣の席に戻って，やはりサンドイッチを食べ始めた．それでもセネッツ博士の演説はしばらく続いた．最後にもう一度会うように君の方からインフォメーションに連絡してくれと言った．小生はOKと言いながらそのままにして置いた．日本での開催日時は既に世界に発信しているので，今更，彼の反対でこちらの日時は変更できない．小生は同時開催がまずいなら，向こうが変更すればいいと考えていた．その後，小生がインフォメーションデスクにいると，何処からともなくセベック博士が現れて，「あれからセネッツ博士に会ったのか」と聞くので，「そのままだ」というと，「それは好かった．セネッツ博士は一度はOKをしておきながら，忘れてしまっているのだ．日本のメンバーに迷惑をかけて申し訳ない．この日時は決まっているのだろうなぁ」というので，「そうだ，よほどの事がない限り動かさない」といっておいた．

　当時，他にもゲリノー教授などフランスの酵母研究の大家が，2〜3人いて，その勢力は強かった．中にはフランス語しかできない（英語は全く話さない）人もいたが，誰が話してもフランス語で喋っていた．その後のフランスでは，ミトコンドリアによる呼吸欠損変異株の先駆的な研究がある．その伝統を背負っているのがスロニムスキー博士である．彼自身はポーランド人との事だったが，第二次大戦後にフランスに住み着いて，先導的な役割を果たしている．この時期，酵母の遺伝子の全塩基配列を決めるプロジェクトを立ち上げる計画を進めていた．

フランスの教育制度

　フランスでは大学就学率が 20％ぐらいで，ほとんどの人は専門学校へ行くとのことである．貴族と技術者や工具の間には断層があり，縦割りにはいかない．一つの会社でも情報は上から下へ流れず，むしろ横に流れるといわれる．従って，ライバル会社 A，B があっても，貴族層同士の交流があり，そちらの方がよく情報が流れるという．フランス人同士では名前を見ただけで，その出身が分かるらしい．身体の大小も顕著で，ドゴールのように背の高い種族の人間が出世するという．

　1751 年に百科全書が編纂され，モンテスキューが「法の精神」を書き，ルソーの「社会契約論」が出版された．これは神学から実学への転換がなされた時代で，これ以後,フランスのエリートたちには「知ること（savoir）は，即ち，力である」という信念が流れているといわれる．1747 年には最も古い専門学校が創設された．ここでは，技術系の人に社会科学系の知識を求めていて，これがフランス啓蒙主義以来の伝統だという．

　現在は国際的な時代を迎えて，その多角的な"知"の上に新たな国際経営の視野が求められているという．1988 年 10 月に大学院コースに国際経営研究所（MIB）が創設され，日本に関する理解も推し進めるということで，ここの学科長は日本人の竹内佐和子さんという方がやっているという（当時）．

　11 日（月）：シナレス（CNRS，国立中央科学研究所）のスロニムスキー博士を訪ねた．このシナレスという組織は，マルセイユにもあって，主要な都市にあるのかもしれない．博士は酵母の専門家で，フランスはもちろん，世界の酵母研究をリードしている．この時期，スロ

ニムスキー博士は酵母の遺伝子の全塩基配列を決めるプロジェクトを立ち上げる計画を進めていた。筆者もその計画に参加することを勧められた。毎年 800 万円の研究予算をくれるという事だった。当時としてはかなりの金額だったので，大分迷ったが，塩基配列を決める仕事は，90％を決めた段階で道を半ばとするというものである。また，全塩基配列を正確に決める責任がある上に，かなり機械的な仕事で，それを基礎研究を目指す学生諸君にしてもらうのが適当かどうか悩んだ。思案の結果，筆者はこのプロジェクトに参加しないことを決めた。

13 日（水）：雨の中をパリからマルセイユに移る強行軍だった。5 時に起床，6 時にホテルを出て空港に向った。会議の世話をしてくれる，ラバット博士に会った。9 時ごろ無事にマルセイユに到着した。ラバット博士がレンタカーをして，マルセイユの街中をドライブしてくれた。

広い敷地にいくつかの国立研究所が立っていた。ここはもともと個人の所有地だったが，第二次世界大戦中にナチスに協力したので，その地を取り上げて，国立機関の用地にしたとのことである。これも，シナレスの一部で，マルセイユ支部になっていて，明日から酵母のシンポジウムが行われる。会議の参加者はここの宿泊施設に泊まることになった。会議はマルセイユ大学免疫センターで開催された。

14 日（木）：朝の 9 時からシンポジウムが始まった。フランスの酵母研究者を中心にプログラムが組まれていた。近年では，ミトコンドリアによる呼吸欠損変異株の先駆的な研究が多い。その伝統を背負っているのがスロニムスキー博士である。従来の酵母研究は，サッカロマイセス・セレビシエ（*S. cerevisiae*）を中心に進められてきたが，この学会では，キャンディダ（*Candida*）属とか，ピキア（*Pichia*）属の酵母に関する発表も多数行われた。なお，酵母（*S. cerevisiae*）の全塩基配列

は，1994 年に決定された．

本場のブイヤベース

　この日は，参加者全員が本場のマルセイユ料理**ブイヤベース**をパルドー博士の世話でご馳走になった．彼はもともとこのマルセイユの出身という事で，張り切っていた．地中海で獲れる真っ赤な魚や鳥貝が金属製の大皿に盛りつけられていた．一方，世話をしてくれるおばさん達が魚のエキスで作った美味しい茶オレンジ色のスープを大きなボウルに入れて出してくれた．それをめいめいが真ん中が少し深くなって周囲にパンなどを乗せる事ができる襟の付いた皿に取り，捏ねて**ペースト状になったサフラン**を各自が好きなだけ入れて好みの味にする．そこへ先ほどの魚介類を浸して食べるのである．パルドー博士によると「これこそ本場のブイヤベースで，パリでも滅多に食べられない」と威張っていた．飲み物は**カシス入りの白ワイン**で，会議に出席した他のフランス人らも感嘆していた．

東西ドイツの再統一

　1989 年 12 月 20 日（水）：ベルリン空港で，珍しく帽子をかぶったホルスト（クラインカウフ・ベルリン工科大学教授）に会う．年末の曇り空なので，何となくヨーロッパの憂鬱を感じさせられた．荷物を彼の車に積んでもらった．

　彼は「**ブランデンブルグ門の壁が近いうちに開く**といわれている．とにかく門へ行こう」と誘ってくれた．このギリシャ風の凱旋門は，18 世紀末のプロイセン王国やドイツ帝国の栄光の象徴であった．こ

の門をくぐるウンターデンリンデン（菩提樹下）通りが東西に通じていて，かつては貴顕紳士淑女が日傘をさしたり，馬車に乗って行き来したところである．この大通りの真ん中に突如コンクリートの高い壁がソ連によって築かれた．1961 年 8 月 13 日未明のことであった．それ以来，西ベルリンは東ドイツに囲まれ形で，"陸の孤島"といわれてきた．

　我々がブランデンブルグ門に到着した時はもう暗くなっていた．雨が降り，肌寒かった．暗闇の中に大きなクリスマスツリーが横たえてあるのが，うっすらと見えた．飾りも電光もなく，不気味な静けさだったが，暗い中に多くの人々が集まっている気配がした．

　東西の壁が近く開かれるかもしれないといわれる時期だが，東側の将校がインタビューに答えて，「門はいつ開くか聞いていない」と答えていた．しかし，以前に感じた"壁の冷たい緊張感"はなかった．ホルストの話では「まだ指令はないが，どうやら壁はこのクリスマスに開かれるらしい」ということだった．23 日までの滞在中にそれが見られるかどうか大問題であった．実現すれば，今世紀最大のドラマである．私は"しまった！"と思った．というのは，私達は 23 日にベルリンを発って，クリスマスイブはパリのノートルダム寺院のミサを見ることにしていたからだ．この世紀の瞬間を見逃すわけにはいかない．気を揉みながら一夜を明かして，翌日，航空会社のカウンターにフライトの変更を問い合わせたが，もう満席でチケットの変更はできないという事だった．

　しばらくブランデンブルグ門の辺りをうろついていたが，その夜のうちに特別な動きがあるとも思えなかったので，引き上げた．

　21 日（木）：快晴．9 時にホルスト・クラインカウフ教授の迎えで，ベルリン工科大学へ行った．午前中はドンホーレン博士と仕事の話し

写真25●ベルリンの壁．手前はハンマー
　　　　で破片を採る筆者．その後方
　　　　はクラインカウフ教授

をした．私どものやっているグ
ルタチオンに相当するトリペプ
チドが1つの多機能酵素で合成
されているという．グルタチオ
ンは2種の酵素で合成されてい
るので，それと比較して興味深
い．

　午後2時15分頃から約1時
間半ほど講演した．クリスマス
休暇に入ったというのに割合多
くの人々が来てくれた．マラヒ
ヤ博士が聞きに来てくれてい
て，久し振りに再会した．講演
の直後にホルストが飛んで来て
「喜べ‼　君は幸運だ‼　ベルリ
ンの壁が22日の午後6時に開

くことになった」と伝えてくれた．22日に開くとなれば，それを見
てからパリへ行ける．とにかく，これは幸運だ．本当にラッキーだっ
た．

　その後，ホルストが壁の破片を採っている現場へ連れて行ってくれ
た．彼が準備してくれたハンマーでこちらも土産にする破片を集めた．
(写真25)

東西ドイツを隔てる壁の崩壊現場

　1989年12月22日（金）：曇り，午後から雨．この日は歴史的な日

になった．ラジオによると今日の午後3時にブランデンブルグ門が開くという．全く，歴史的な日だ．どうせ門が開くのを見るなら，昨日から西側の雰囲気は分かっているので，私は壁の崩壊を東ドイツ側から見たいと思い，当日の午前中に同行の娘らと3人で11時過ぎにホテルを出て東側に向った．

　当時，東ドイツに入る方法は二つあった．一つは車でチェックポイント・チャーリーの検問所を通る方法で，このルートは以前に使ったことがある．今回はツオー駅から，東ベルリンへ入る地下鉄Sバーンを利用して，S駅（リヒターフェルデー西）から電車に乗って，終点のフリードリッヒシュトラッセ駅まで行った．途中にはもう何十年も使われていない無人の駅があり，薄暗い電灯に照らし出されたプラットホームが印象的だった．シュトラッセ駅で降りて，一日有効のビザを買って無事に東ドイツに入った．何もかもこれが最後だと思いながら，ウンターデンリンデン通りに出た．そこからブランデンブルグ門の正面が見えた．門上の“四頭立ての古代ローマの戦車で駆ける女神像”が東側に向いているのもはっきり分かる．フリードリッヒ通から例のマルクスとエンゲルスの像のあった広場に行って食事をし，コーヒーを飲んで時間の来るのを待った．

　しばらく付近を散策し，夕刻5時ごろにブランデンブルグ門に向かうと，門のあいだから，到着した夜に横たえてあったクリスマスツリーが立てられ，点灯されて，きらきら輝いているのが見えた．

　時間と共に，ぞろぞろと門に向かう人の数が増える．少し雨が降っているが傘をさす人は少ない．みんな喜びの奇声を発しながら歩いている．ブランデンブルグ門を通るとき，めいめい門の壁にサインした．私も名前を書いた．門を通り抜けると，そこから20メートルぐらい西ドイツ側にコンクリート壁があった．すでに大勢の人がその上に

登って，歌を歌っていたが，次々に下にいる人々に手をかして壁の上
に引っぱり上げていた．正に今世紀最大の出来事である．筆者も登ろ
うかと思ったが，東洋人が登るのはムードを壊すかもしれないと思い
遠慮した．

　ホルストの奥さんマーガレットが言った．「ヨーロッパに住んでい
てもこの瞬間を現場で見られない人が多いのに，日本から来て，壁の
開くのを見られるというのはあなた方は本当に運が良い」と．実際，
私もそう思った．

BMW でヒトラーの弾丸道路をとばしてストラスブルグへ

　1990 年 8 月 11 日（土）：午後 3 時に AMB 編集長のチェスリック博
士夫妻がホテルまで来て車でストラスブルグまで連れて行ってくれ
た．彼らはフランスのストラスブルルまで買い物に行くので，小生を
送ってくれたのである．彼の車は，BMW だった．「お前はスピード
に恐怖感はないか」と言うので，「ない」というと，180km/ 時で走り
出した．ヒトラーの作った有名な弾丸道路でも，流石にこのスピード
で走ると怖いぐらいであるが，BMW は安定性が良いので感心した．
1 時間足らずでストラスブルグに着いた．ホテル・ヴィラデストで
チェックインした後，夫妻が町を案内してくれた．町の中心に教会が
あって，その丁度前にケーキ屋があるので，コーヒーを飲んだ．ここ
は誰でも知っているという有名な店だという．夫妻は毎週ストラスブ
ルグまで車を飛ばしてくるが，その理由は，まず，

　①　奥さんの好きなエクレアがドイツにはないので買いにくる．
　②　フランスでは肉が美味い．ドイツでは美味くなくても誰も何も
　　　いわないが，フランス人は食に関してはうるさいので，美味い

肉がある．餌から違うのだという．

③　タバコがフランスの方が安い．

④　一応外国に来た気になれる．

という事だった

12日（日）：GIM-90国際学会（12〜18日まで）の開会式に出席した．イスラエルのプラーグ博士に会ったので，次の学会（1998）を主催するのかというと，是非やりたいので支持してくれといって資料をくれた．それを見ると準備万端整えてきたことが分かった．他でもやりたいというところはあったが，これだけ完全に準備されると一寸勝負にならないと思われた．

アルザス地方コールマールのワイナリーエリート

13日（月）：岡氏（協和発酵），松山氏（キッコーマン）それに小生の3人で，タクシーを呼んで，**コールマール**の近くにあるエグイハイムのワイナリーカセヴォルフベルガー社を見学した．フイリップ・ドルスト博士という若いがしっかりした人物が案内してくれた．こちらではエリートなのだろう．ブドウのことがよく分かった．こういうエリートの事をフランスでは**カード**（Cardre）といって，彼らは会社へ入る時の契約から違うそうである．日本のように，40歳を過ぎるまで，誰もが重役になれると錯覚しているのとは違う．ドルスト博士は我われを街のレストランへ連れて行ってくれた．これはミシュランの二つ星だった．ミシュラン社が毎年レストランの格付けを星の数で発表するのである．レストランの人には気づかれないように審査員が訪れて，料理の味を査定するのである．インチキや買収は効かないので，或るレストランが前年には良い評価を得ても，次の年には悪くな

る事もあるという.

　ただし, 京都の嵯峨野にある料理屋のシェフの話では, ミシュランの審査員が来た時は, 何となく分かったという事である.

フランスの研究者アラカルト (様々)

　14日 (火):学会本部の掲示板で, 事務局のフローレント博士に会うように指示があった. 会ってみると, ローンプーラン社 (フランス最大の国営企業で, 従業員45万人といわれる) でニネ博士 (微生物部長) と35年間一緒だったという人物であった. ニネさんから頼まれて, リオンの学会が終わった後, 小生がニネさんを訪ねるようにアレンジメントするとの事だった. 大変有難い話だった. ニネさんは, 長年ローンプーランの微生物部長をしておられ, 筆者も懇意にして頂いて, 会う度にご馳走になった. 定年後は奥さんと一緒にフランス中を旅行して, アルプスの山々に囲まれた山岳地帯であるブルグドワゾーに終生住む事に決めたとの事だった. 大変良い所だから, 是非一度くるようにと, 何度も招かれていたのである. そのままでは小生が行かないということで, ニネさんがフローレント博士に頼んでくれた様だった. フローレント博士は, パナッセ博士と一緒になって筆者のスケジュールを決めてくれた. 二人ともこの国際学会の世話役で, 聞いてみると, この学会の事務局にはニネさんの親しい人がたくさんいるとの事だった. 彼らは, 小生の旅の事を心配して, 親切にも学会後に予定しているドール (パスツールの故郷) の宿なども取ってくれた.

　15日 (水):本学会の国際組織委員会が11時半から始まった. いろいろな話題が議論されたが, 最大のものは, 1998年のこの学会の開催地である. 16年ぶりで東京 (東大関係) でやってはどうかとい

う意見もあったが, 日本では一度 (1982 年) 小生が京都でやったので, もう一度東洋でやるとすれば, 東京というより, 中国か韓国という事になるだろうと思われた. 結果的には, イスラエルに決まった. 小生は一度イスラエルに行きたいと思っていたので, 反対ではなかったが, ヨーロッパの委員の中には, イスラエルに難色を示す人々もいた.

16 日 (木): 会場で, 味の素の滝波弘一さんに呼び止められて, パリ大学の福原教授と 3 人で日本料理店 Fuji へ行った. 福原さんは酵母のミトコンドリアの研究で有名な人である. 東大を出てフランスに渡って, フランス人の奥さんと結婚して向こうで研究生活を送っておられる. フランスでは**夕食を家族と食べるのが義務**のようなものだから, 日本人のように家に帰らずに頑張るという様なことは無理だという. 夜遅くに実験室に出ないといけない時は, 一度家に帰って, 家族と共に食事をしてからまた出かけるという事だった.

午後のセッションが終わって, 8 時からディナーが, ヨーロッパ会議場で行われた. 丁度ソ連のデバボフ博士と同じテーブルになった. 彼はソ連の微生物学会の大物だが, 話を始めると止まらなかった. 終りは夜中の 12 時だった.

フォアグラの本場でカシスのワイン

17 日 (金): 午前中にヤルモフ博士がピックアップしてくれて, トランスジーン社を案内してくれた. 遺伝子組み換えの研究をしている会社で, 小生は講演を頼まれていた. 講演の後, 仕事のディスカッションをして, その後, 町のレストランへ案内された. ここはフォアグラの本場という事で, 鴨のフォアグラを注文した. 流石にここのフォアグラはべっとりとした感じで美味しかったが, どちらかといえば, 昨

夜のディナーに出たフォアグラの方が美味い感じがした．ワインは，
Gustane Lorentz の Pinot Noir である．ここアルザスでも良いシャンパ
ンができるが，シャンパンとは呼ぶことは禁止されているので，**クレ
マン**（発泡性という）という．ここでのワインと言えばキール（Kir,
食前酒）なので，正式には，Le Kir an cremant という．Cremant とは，
カシスという果実の事でもある．当地のワインを発泡性のあるシャン
パンで割ったものであるが，特にそれを，ル・キールロイヤルと言う
そうである．

◆パスツールの故郷，ドールとアルボ ア（1990,08,18-）

　18日（土）：ストラスブルグで開かれていた学会（GIM-90）が午前中に終了したので，午後からパスツールの故郷を訪ねる旅に出る．パスツールの生家はドールとアルボアの両方にある．ドールには父親がなめし皮を製造していたという家があり，そこから27キロ離れたアルボアというところに立派なビルがある．どちらも博物館になっているので，まずドールに行って，ホテルに泊まり，そこからタクシーで，アルボアまで日帰りする事にした．

パスツールの町ドールへ

　汽車はブザンソン経由の各駅停車なので，数分毎に小さな田舎町に止まる．汽車を下りた人々がトコトコ歩いて行くのを見てだんだん不安になってきた．しかし，汽車がドールに近づくに連れて，不安は解消して行った．汽車の沿線に沿って大きなビール工場が見え，汽車の路線数もどんどん増えていったからで，ドールが相当大きな駅であることが推察できた．ドールでは降りる人も多く，駅も出口と入り口が分かれていて，心配したタクシーも何台か並んでいた．駅前にもいくつかのホテルがあったが，先の学会でパナセ博士が予約してくれたホテル・ラ・ショミエールの名を告げると，年取った運転手は分かった，分かったというゼスチャーで車を発車させた．やがて町の中心であるカセドラルが見えてきた．「私は微生物屋で，パスツールに関係が深いので，ドールにやってきた．パスツールに縁の深いものがあるかど

うか？」と聞くと，運転手は町を取り巻く運河を渡った所で，車を止めて，カセドラルの横の下の方を指差して，あれがパスツールの生家だといった．しかし，タクシーの方は町を出てどんどん走って行くので，どんなホテルへ連れ込まれるのか不安になった．何故，パナセ博士がこんな所のホテルを予約してくれたのかが分からなかった．それが分かったのは，タクシーが止まったときだった．ホテルは主道沿いに，少し奥まって立っていた．レストラン兼用のホテルで，ミシュランの三つ星である．受付で少し待っていると，グリーンのセーターを着た女主人が出てきて部屋へ案内してくれた．外は少し暗くなりかけていたが，一見して素晴らしいホテルであるように思われた．私は即座にここで 2 泊する事を決めた．

アルボアのワイン

レストランではまず，アルボア（ジュラ地方）の**黄色いワイン**（Vin de Jura）を注文した．1982 年もので，この本場で 300 フラン（約 9000 円）するからかなり高いものである．ワインのラベル：Vin Daune d'arbois, Appellation Arbois Controlee 1982, Medaille d'Or au Concours Generd Agricole, 14.5% vol. Domaines Rolet P & Fils de Paris Vingnerons-Montigny-Arbois (Jura). 1／2 ボトルで 180 FF であった．

それから料理である．ボーイにここの特色は何かと聞いたら，ここでは魚は駄目で，肉とマッシュルームが良いというので，子牛の肉とマッシュルーム煮合えを注文した．肉 4 片の上にマッシュルーム．添え付けは，アスパラガスとトマトの上に香料の粉，他にポテトの蒸して焼いたもの，黒い汁はあっさりした味付けだった．

ドールの宿で久し振りに夜明け鶏の鳴き声を聞いた．ブルゴーニュ

は, Coq du vin つまり, ニワトリのワイン煮が本場というが, なるほど, 日本の養鶏と違って放し飼いされているここらの鶏は美味いに違いないと確信した. この料理はニワトリを煮て, その血も使うというので, どんなものか注文したが, 割合白っぽいものが出てきた. 同じものを, この後, ディジョンのトロワフィゾン（三匹の雉の意）で試してみたが, この時はもう少し色が黒く, やはり実に美味かった. 蛇足ながら鶏はキジ科の鳥である.

　19日（日）：快晴. タクシーに乗って, いよいよ憧れのパスツールの故郷アルボアに向った. ドールとアルボアの距離は約27キロメートルである.

パスツールの生家・アルボア訪問

　ドールからアルボアまでの両側は畑でヒマワリ, トウモロコシ, サトウキビが多かった. 白と茶色の乳牛が放牧されていた. 森の中を通り, 川を渡った. 家族連れが水浴をしているのが見えた. 水はきれいだった. いわゆるフランスの田舎である.

　ダーウィーンの故郷を訪問したときも感じたが, こういう田舎で, しかも150年程前にはもっと田舎だったと思われるが, こういう場所で世界的に有名な人物が出てきたことは実に興味深い. 社会を動かすような大きな思想はどんなところから発信されても, 世界の潮流になりうるといえる.

　アルボアに近づくと, 畑の中に,「Pay de L. Pasteur（パスツールの国）」という立て看板が出ていたので, いよいよ来たなあという感じがした. パスツールの家の管理人はフランス語しか喋らない上, 説明書もフランス語しかない. 2階に実験室があって, 綿栓をした試験管や古いワ

写真26●パスツールの生家（アルボア）

インの瓶なども置いてあった．両親の家だという事だったが，なかなか金持ちのように思われた．この辺りなら百姓をしていてもおかしくないのに，パスツールはストラスブルグに出て，大学にも入っているのだから

それなりの背景もあったのだろう．父親はナポレオン軍に従軍して，勲章ももらっている．退役後になめし皮職人をしていたとの事である．パスツールのデスマスクも飾ってあった．日本ではほとんど見ないが，欧米では死体に石膏を塗りつけて，像を作る．もちろん生きている間に作る場合もある様で，これはライブマスクである．ウィーンでベートーベンのデスマスクを見たが，醜男といわれた顔とよく見る写真の顔がはじめて一致して，両方とも真実だと分かった．

　パスツールの家の裏にそれほど広くない庭があり，緑の木々が真夏の太陽に曝されていた．博物館になっている家を出て，近くにあるという展示の写真にあった公園のパスツール座像を見に行った．広い公園に大きな像があり，その台座の四面に，狂犬ワクチンを作ったというような物語のレリーフが彫ってあった．

　京都のパスツール研究所の１階にアルボアという喫茶店があったが，理事長の岸田先生のパスツールに対する思いが思い出された．アルボアやドールまで来ることが出来て，満足と感激を味わえた．

　待たせておいた，来た時と同じタクシーでアルボアを去ってドールまで戻って来た．日曜日という事もあって，途中の村では人々が集まっ

て，飲んで踊ってわいわいやっていた．帰りは来る時よりも早く（短時間で）帰ってきたように思われた．泊まっているホテルを通り越して，ドールの町中にあるパスツールの生家を見に行った．

　ドールの生家も大きな家である．ここはなめし皮の工場をしていた所ですぐ横に川が流れている．博物館にもなっているが，日曜日の開館時間は，午前中が 10 時から 12 時で，午後は 14 時から 17 時ということになっていた．町の一角にルイ 14 世によって連れてこられたスペイン人が集まって住んでいると言われる場所があった．

ドールにあるパスツールの生家

　パスツールの生家に行った．写真は禁止，写真を撮りたければ，別料金を出して，フラッシュ無しとの事だった．「アルボワでは自由に撮れたのに，何故か？　マネー，マネーか」と皮肉ってやった．パスツールの子孫ならともかく，子孫も死に絶えたのに何の関係もない連中が，寄ってたかって金儲けをしているのを見るといささか腹が立って来る．ただし，ここでは英語の説明ツアーがあった．2 階に世界地図があり，各地のパスツール研究所の所在地に印が付けてあった．ところが，それに京都がなくて東京になっているのである．

京都のパスツール研究所

　帰国してから，パスツール研究所の企画委員会があったので，その事（京都のパスツール研の名前がなかった事）を理事長の岸田先生に申し上げたら，先生もご承知で，パスツール研は金も出さないで，口だけ出すのだとぼやいておられた．京都のパスツール研究所の一階に

は，アルボアという喫茶店があったが，フランスのパスツール研究所からクレームがあって廃止になった．また，パスツール研究所という名前もまかりならんということで，ルイ・パスツール研究所と改名を余儀なくされた．私は，先生に「こちらの方が，パスツールその人の名前だからいいのではないですか」と申し上げた．伝え聞くところによると，岸田先生は研究所に私財を投入されているのに対して，パリのパスツール研究所本部は，南アフリカにある植民地の出張所扱いの目線から対応を強要してくるので，若干齟齬があった様である．旧フランス植民地にあるパスツール研の所長は，ほとんどフランス人或いはフランス系の現地人との事で，なんでも本部の言いなりになるようなので，勝手の違う本部は特別に時間を設けて，岸田先生とはかなり激しいやり取りがあったようだ．

　フランス大使館にいたパルドーさんに意見を聞いたところ，パスツール研究所の本部としては，人事を含めて日本全体の規模にして欲しかったという事だった．その後東京にもパスツール研究所ができたという事である．

辛子の町ディジョンのシャポールージュとトロワフェゾン

　20日（月）：9時6分発の汽車で，ドールを発って，10時前にはディジョンのホテルシャポールージュ（赤い帽子）に入った．ここはレストランもしている，というより，レストランがホテルもしているといった方がいいのかもしれない古くて有名なホテルである．一泊410フラン．ディジョンはフランス料理の本場の一つである．

　ディジョンは**マスタード**（からし）が有名で，いろいろな色が付けてあるのをいくつか買った．

21 日（火）：曇り時々晴．今日は, 午後 15 時 45 分の汽車でディジョンを去り, これもグルメの街リオンに向かう．2 時間半の行程で, リオンに着く予定である.

列車は予定通り静かに出発した．というのは, ヨーロッパの汽車は日本と違って, 出発時にベルは鳴らない．ディジョンを出ると進行方向に向って右手（西側）の車窓に, いわゆる**黄金の丘陵地帯**というのが見えてきた．そう高くなく, ゆるやかな斜面が広がり, ブドウが栽培されている．これが, 延々とソーヌ川沿いのシャロン辺りまで続いた．反対側は平原で特に何も見えなかったが, シャロンからは左手にも遠方に丘が見えてきた．右手の丘は一度シャロン辺りで消えたかに見えたが, マコンに近づくにつれて, 再び見えてきた．しかし, ボーヌ辺りの様に整備されているようには見えなかった．もっとも, 汽車は両側の丘陵地からはかなり距離のあるところを走っていた．マコンは流石に大きな町で, 乗客もおおぜい降りて行った．この辺りの牛はみな大変白い．マコンからはまた美しい丘陵地が続いた．やはり, 美しく整備された丘陵地と名ワインとは密接に関係しているのだろうか.

ポールボギューズのリヨン

いよいよ, 17 時 30 分．左側にソーヌ川が見え, その向こう側の濃い緑の小高い丘にレンガ色の家々が点在していた．何気なく川の方を見ていると, 急に目立った大きな看板が目に入った．**ポールボギューズ**（レストラン）である．汽車は橋を渡り, 直ぐにトンネルに入ったが, 私は少々興奮気味だった．それこそ, いまや世界一といわれるレストランで, その夜予約をして行く事になっているレストランだった

写真27●ポールボギューズ本店（リヨン）

からだ.

　7時半にローンプーラン社の黒羽巌夫博士（研究センター所長）がホテル・ソフィテルリオンに来てくれた. 初対面の挨拶のあと, 直ぐに彼の車でポールボギューズへ向った. 夕陽を受けながらソーヌ川を遡る. やがて, 中華料理店と間違えるような派手な構えのポールボギューズレストランに到着した. 赤い制服に黒いズボンを穿いたボーイが我々を迎えてくれた. 入り口を入った直ぐ右に曲がった突き当たりの壁に大きなポールボギューズ氏の肖像画が我々を歓迎していた. 客は我々が最初だった. 内部は派手な色彩を使いながら, 中華料理店のようではなく, 何となく豪華さが感じられる不思議な装飾であった. 大きなメニューが来た. 定食は700フラン（約2万4000円）. ちょっと思案の末に, 一品料理をとることにした. ワインはソムリエに聞く. 髭を生やした頭の禿げた太っちょのオヤジが来て, 推薦してくれた. あまり高くはなく, しかも美味かった. ワインのラベルは最後にシェフの形をした紙だたみに入れてメニューと一緒にくれた.

　ポールボギューズへは2006年6月に家内と一緒に再度訪問した. その時玄関前でボーイに写真を撮ってもらっていると突然ボギューズその人が現われて筆者と家内との間に入って写真に納まってくれた. これは筆者の人生に時々起こる僥倖そのものだった.

◆年末のロンドンで国際シンポジウム
（1992,12,12-26）

　イギリスのロンドンで行われる「メチルグリオキサールに関する国際シンポジウム」で講演するように招待されて渡英した．筆者はこの機会にロンドンの伝統文化を知り，スコッチウイスキーの里を巡る旅を堪能する事が出来た．

ロンドンの最高クラブ IOD の伝統と食文化

　12月15日（火）：コルチェスター駅からロンドンまでに数ヶ所停車したが，55分ぐらいでロンドンへ到着した．学会の開かれるのは，王室自由医科病院で病院の一角が大学の研究室になっている．ここでイギリス生化学会が学会と国際シンポジウムを開催するのである．

　三井物産ロンドン支局長の中田敏夫博士と電話でスケジュールの打ち合わせをした．中田さんは東大理学部で光化学を専攻され，学位を得て助手になられたが，世界を見たいということで三井物産へ入社されたそうである．会うなり，和食とイギリス風のどちらがいいですかと聞かれたので，イギリス風がいいと言うとどこかへ電話をして，予約を取って下さった．ピカデリーサーカスの東南に建つ白い立派な建物で IOD（＝Institute of Director）というイギリスの最高級クラブである．日を決める事といい，こういう場所を選定する事といい，小生の希望を的確につかむ鋭さは流石である．同氏はその後（2003年），バイオジェンジャパンの社長になられ，三井物産戦略研究所で一緒に仕事をする機会を得た．古いメモを見て，10年前の同氏に関する記

録を読むと同氏の今日あるのが当然であることが分かる.

　ところで, この **IOD** というのは社長協会という事で, 日本の経団連本部のような所である. 非常に格式のあるところだが, 一種の圧力団体でもあるらしい. 因みにその入会規定を見ると会員の資格には, 準会員, 会員, フェロー (特別会員) の 3 種類があって, メンバーになるには, 21 歳以上で, 会社の重役をしている人物であって, 最低 3 年以上の社長経験か, 7 年以上のビジネス経験が要求されている. あるいは IOD が行っている "社長の役割コース" を終了している事が要求されている.

　建物に入ったところに大きなロビーがあり, 真ん中に中央階段がある. 上った所の踊り場の中央に, **ウェリントンとネルソン**の大きな肖像が掛けてあった. 両脇の壁にはそれぞれ**ワーテルロー**と**トラファルガー**の会戦の絵が飾ってあった. イギリスの黄金時代はこの二人によって築かれたということだろう. 内部の撮影は禁止されていた.

　食事は子羊の骨付き肉である. それに夏のプディング (summer pudding) というケーキでこれに木の実が一緒に添えてあった. 何でもふくれている物をプディングというようで, お菓子のプリンしか知らない我々には少し違和感がある.

　16 日 (水):英国生化学会の部会で "フリーラジカルと抗酸化性物質" を聴講した.

　11 時から, ジュリアン・デービス博士が講演した. いつもながらユーモア一杯に興味深いスライドを並べて, 人々を魅了した. 筆者はこういう講演をしたいといつも目標にしているがなかなか日本語でもできない.

　3 時半頃まで講演を聞いてから, 会場を後にした. ホテルがピカデリーサーカスからリージェント通りに通じているので, 毎日, "銀ぶら"

をしているようなものである．この通りにはシンプソンや紅茶の店ホートナムメゾンがある．

　山之内製薬の阿部靖英支店長の来館を受け，最近のロンドンの状況を教えてもらった．引き続いて，日本料理店"いけだ"に案内された．トロの造りを頼んだが，日本のものとは一味違った．**地中海で取れるマグロ**とのことで，**赤味と白味が教科書にあるショウジョウバエの染色体**のようになっていた．

ロンドン漫歩

　18 日（金）：第一回国際グリオキサラーゼ学会で招待講演をした．この日の事は「化学と生物」Vol.31, 399~402（1993）に報告しているので，興味のある方はご覧いただきたい．

　19 日（土）：ウエストミンスター寺院を見学．20 年程前に来たことがあるが，詳しい事は忘れてしまっていたので，興味深かった．エリザベス I 世や詩人，文人たちの墓は伝統の古さを感じさせた．ダーウィーンやウォーレスの像もあった．ウイスキーの名前になった**オールドパー**じいさん（元英国軍人）の白い墓石もあった．152 歳まで生きたというから大変な人だったのだろう．寺院を出て，チャーチルの像を見て，ダーウィーング街へ行く．いつもテレビで見る首相官邸のあるところだが，その前は立ち入り禁止になっていた．セントジェイムス通りは今まで見たパークのうちで一番美しいものだった（I have ever seen.）．

　ロンドンのクリスマスは壮観であった．ピカデリーサーカスを中心にバーバリー，アクアスキュータムなどの有名店が並ぶリージェント大通りには，道を跨いで空中に一定間隔でクリスマスの飾付けがなさ

写真28●研究室でウイスキーの解説をしてくれるパーマーさん（左）とブラウン教授（右）

れていた．ピカデリー通りに入ると，ブティック・シンプソンの5階まで達する大きなツリーの飾付け，紅茶のフォートナムメゾンの窓枠ごとの可愛い飾付けなど，各店の豆電球がキラキラしていた．

　喫茶店ロイヤルカフェでクリスマス**プディング**と呼ばれる特別ケーキを注文したところ，ケーキとサンドイッチがセットになった大そうなものが出てきた．プリンというと柔らかいお菓子を想像するが，料理までを含む広範囲の食べ物を指すようで，地方ごと，或いは時期ごとにいろいろなプディングがある．

エジンバラはスコッチの里への入り口

　19日（土）：夕方（17時）の英国航空でロンドンを発ち，1時間ほどでエジンバラに着く．

　空港にはパーマー教授（ヘリオット・ワット大学）（**写真28**）が来てくれていた．エジンバラは2日前に雪が降ったとのことでまだ一面に残雪がある．気温は流石に低く，ロンドンより冷える．直ちにエジンバラ大学のスタッフクラブ宿泊所に入る．パーマー教授が手配してくれたものである．表は古いビルだが，中は綺麗な部屋で，設備も整っていた．チェックインしてから，早速，パーマーさんが車でパブを数

軒ほど廻って，ウイスキーに関する解説をしてくれた．パーマーさんはウイスキーの原料である大麦の専門家で，筆者の研究室に滞在した事がある．

ウイスキーの水割りが逆

彼の話では，日本では，ウイスキーを水割りにする時，ウイスキーに水を加えていくが，それでは香りが生きないという．反対に水にウイスキーを入れていく方がウイスキーの香りを楽しめるという．小生も最近は彼の言う通りにしている．

20（日）：エジンバラはスコットランドの中心地で，スコッチウイスキーの里（スペイ地方）への玄関口である．今日からその，スペイリバーの方面へ旅行する予定である．

11時20分にグラスゴーに留学中のサントリーの三鍋昌春博士がピックアップしてくれた．同氏はこちらで，ウイスキーの勉強中である．エジンバラから出発して，フォースロードブリッジを渡る．この橋はヨーロッパでは，トルコのホスホラス橋に次いで長い吊り橋といわれる．エジンバラからインバネスへ向う．9号線で，グランピアン山脈を越えた．一面に雪景色である．途中にある山の斜面の村は，ピットロッチェリーというイギリスの金持の別荘地帯である．

イギリスの超一流の人たちを**ポッシュ**（POSH）という．これは，Port Out Starboard Home の略である．彼らは大抵オックスブリッジといわれ，オックスフォード大学かケンブリッジ大学の卒業生である．金持ちは大抵，豪華船で植民地のインドに出掛けるが，その時，行き（Out）は，Port（左舷）で，帰り（Home）は，右舷（Starboard）の席を注文するので，POSH と呼ばれるのである．

スコッチウイスキーの里をめぐる（Whisky と Whiskey）

　スコッチウイスキーの場合には，**Whisky** と綴るが，それ以外のウイスキーは，**Whiskey** と k と y の間に，e が入るといわれている．しかし，よく調べてみるとスコットランドでは，**Whisky** だが，アイルランドでは **Whiskey** とされたらしい．たまたまアメリカのケンタッキー州のバーボンでアイルランド系の人によって，トウモロコシを原料にして，ウイスキーが作られて，それ以来，国内産をバーボンウイスキー **Whiskey**，輸入されたスコッチは，**Whisky** とされたようである．

　途中でスペイ川を渡った．川の水が真っ黒なので驚いたが，これはピート（泥炭）が溶けているからだという．ピートは日本では北海道にしかないといわれるが，太古の植物が地中で炭化したものといわれ，これがスコッチウイスキーの特色を出すのである．雪に覆われた木々の間をピートのせいで黒いが，透明な水が，速いスピードで流れていくのは印象的で，この水がそのままウイスキーの製造に使われるという．

　ウイスキーには，**モルトウイスキー**（大麦を主原料としたもの）と**グレンウイスキー**（トウモロコシ，ライムギ，燕麦などを原料にしたもの）がある．スコッチウイスキーの蒸留所は，古くて小さい所が多く，大抵1種類のモルトウイスキーを作っている．酵母の発酵熱を利用した自然発酵によって手造りしているが，その工程は厳重に施錠されている．スコットランドの蒸留所の60％は蒸留社組合が占めていたが，それをギネス社が少し前に統合した．しかし，ギネスの社長は統合の際に不正をしたかどで，監獄に入れられたという．あとの10％はシーグラム社が持っている．シーグラムはカナダの会社で，日本でもキリンとの合弁会社を作っている．

　まず，**カデュー**と**グレンフィディック**の蒸留所を訪ねた．カデューは，ジョニー・ウォーカーの黒や赤を作っている．グレンフィディックは緑色の四角のビンで知られている．これらは最もマイルドなものだといわれる．**マッカラン**はウイスキーの**ロールスロイス**といわれる．原酒をシェリー（ワイン）を熟成させた樽で熟成させる．

　島全体がピートで覆われているというアイラ島 (Islay) のウイスキーはピート臭が強いが，慣れると，むしろ美味しい感じがして病みつきになるという．

　当地の珍しい食としては，**ハギス**と**野生の鮭**がある．ハギスというのは羊の内臓を羊の胃袋につめて，茹でたスコットランドの伝統料理である．

エジンバラのヘリオット・ワット大学

　22日（火）：朝の9時半にパーマーさんがピックアップしてくれて，ヘリオット・ワット大学を案内してくれた．この大学は，蒸気機関車を発明した**ワット**が出た大学だという．彼らの話では，**産業革命はスコットランド**から始まったという．私どもは，スコットランドは英国の一地方として考えているが，長年イングランドに対抗する王国として栄えてきた地方で，今でも対抗意識が強いという．最近でもイングランドからの独立を問う住民投票が行われている．女性のスカートのような有名な衣装や彼らの吹く笛などもスコットランドの民族文化である．小説『宝島』で知られている作家**スチーブンソン**もスコットランド出身である．

　ブラウン教授を訪ねた．彼とはジャーナルの仕事を一緒にしていた．彼はいろいろな種類のウイスキーを並べて説明しながら，試飲させて

写真29●ローズ博士（右）と夫人（左）に有名なキッシュを切って食べさせて頂いた.

くれた．その中にはサントリーのウイスキーが入っていて，ブラウンさんの評価もよかった.

その後，パーマーさんと3人で食事をした．前菜として，Fried Brie with cranberry というのを注文すると，大きな皿に豆腐の揚げの様なものが，キウイと盛り合わせで出てきた．日本ではチーズや果物をそのまま食べる事が多いが，外国ではフライにしたり変化をもたせている．メインディッシュは**キジの肉**で，その後で，ここでもクリスマスプディングというのが出た．これは干しブドウで作ったもので，ミンスパイと共に大きな皿に載せられていた．ミンスパイというのは肉を細かく切ったものが入っていて，ミンスタルトともいう．肉の代わりにりんごの入ったのが**アップルタルト**だが，アップルタルトには別の意味（prostitution）があるからこちらが使うときは気をつけたほうがいいとのことだった．これらはクリスマス用のケーキだという.

バースのローズ教授とその助言

23日（水）：ロンドンから汽車で1時間半ほどの距離にあるバースのローズ先生（**写真29**）を訪問した．先生は「酵母学」の泰斗で，同名の著書もある．お宅でインドのマイソールにある有名な食品研究所副所長ヴィジャ博士と出会った．奥さんが作ってくれた夕食は，鮭

をキウイとジンジャーで味付けして，小麦粉で巻いたもので，それに
グリーンピースが盛り合わせてあった．なかなか美味しかった．赤と
白のワインを出してくれて，ローズ先生も上機嫌だった．食後に，干
しブドウとスルタナ（地中海で採れる黄ブドウの干したもの），それ
に小麦をビスケット状に焼いたものが出された．これはコーンフレー
クスのようにして食べた．この夜は，ローズ先生の所に泊めてもらう
ことになり，ヴィジャと3人で遅くまで話をした．

24日（木）：午前中にローズさんがバース市内を案内してくれた．
この町は18世紀に多くの貴顕紳士・淑女がリゾートに集まり栄えた
ので，古い劇場などが当時の繁栄を偲ばせた．ローマ時代の浴場も名
物である．小さな街である上に，前日に見て廻ったので，大体の事は
分かった．12時過ぎに帰宅したところ，奥さんがキッシュと呼ぶケー
キを作って，食べて行くようにいわれた．これはベーコン，玉葱など
をミルクとブリーチーズで固めたものである．

ホテルリッツのクリスマスイブとジェームス教会のミサ

直ちにホテルリッツに入る．ボーイも顔見知りなので簡単である．
今日はクリスマスイブなので，部屋に入ると皿に盛った果物と支配人
からの手紙が置いてあり，夕方の六時半から歴史的にも有名なロビー・
パルムコートでのパーティーに招待するという．また，希望者にはそ
の後，近くのセントジェームス教会の深夜のミサに案内してくれると
いう．

ロビーに出ると既に，数人が来て喋っていた．クリスマス時の客は
少ないようで，ホテルのスタッフも一緒になって，ワインと軽食で喋
る会であった．アメリカのサンフランシスコから来たという，新婚の

写真30●クリスマスのセント・リージェント・
　　　　ストリート（ロンドン）

夫妻と出会った．

　さらに，深夜のミサに出たい人は11時15分にロビーへ来れば，教会へ案内するという．とにかくロンドンのクリスマスを見ようと連れて行ってもらうことにした．リッツからピカデリーのほうへ数分歩いたところにあるセントジェームス教会に行った．着飾った紳士淑女が集まるなか，賛美歌で始まり，説教があり，厳粛な気分になった．すべてが終わると口ぐちにメリークリスマスと言って，隣の人と握手をするのである．右隣には帽子を被った女性がいたが，いきなりほっぺにキスをしてくれた．左隣も女性で，ロンドン近郊に住んでいて，この教会で結婚式を挙げたので，毎年このミサに来るということだった．

　ホテルに戻ったのは夜中の一時半頃だったが，ロビーには温めた赤ワインとミンスパイが用意されていて，ボーイが金属性の大きな鍋から，ワインをすくって，一人ずつカップに入れてくれた．熱いワインにはオレンジが入っていた．ホットワインというのは初めてだったが，結構身体が温まった．それを飲みながら少し話をして，部屋に戻ったところ大きなサンタクロースの袋が置いてあった．

　25日（金）：晴れ．一般に暮れのイギリスは憂鬱である．スコットランドでは明るくなるのは9時ごろで，太陽は霞に包まれたようにぼうっとしていて，一日中，北緯40度くらいの高さで留まっている．そして，15時半くらいになるともう暗くなる．ロンドンでも薄曇り

で暗く，夕方になるとしとしと雨の降ることが多かった．

　ロンドンのクリスマスイブは素晴らしいが，一つだけ気をつけておかなければいけない事がある．それは翌日のロンドンでは全ての交通機関が完全に止まってしまう事である．

　今，25日の朝9時15分である．少し周辺を散策して，ロンドンのクリスマスの様子を見る事にした．リッツホテルを出て，真っ直ぐ北へ歩く，まず，昨夜のセントジェームス教会に入って行った．昨夜は気がつかなかったが，ステンドグラスが美しい．ソーホーの中華街に出た．流石にここでも全て休んでいる．ピカデリー周辺を歩いてみたが，どこも店を閉めていた．地下鉄もタクシーも全て休みだった．**ローズさんが25日は全ての交通機関が止まるので空港周辺のホテルに泊まった方が良い**と予めアドバイスしてくれていた事を納得した．

フランスボルドーのウナギ料理

　1993年6月13日（日）：飛行機は，7時25分にマドリッドを飛立った．パリのオルリー航空で国内線に乗り換えて，**ボルドーに行く事**になっている．パリーボルドー間は正確に1時間である．乗客は半分ぐらいで，ゆったりしていた．いよいよ長年の夢であった期待のボルドーである．ボルドー空港で荷物をピックアップして，インフォメーションデスクで聞くと，ホテル・ノルマンディはバス停からすぐなので，シャトルバスで行くのがいいという．乗るとすぐに，運転手兼車掌という青年に切符を買って，ホテル・ノルマンディと告げておく．こういう場合には，運転手だけではなく，周囲の乗客にもそれとなく知らせておくことが大切である．そうしておくと，バスが目的地に近づくと，大抵乗客が教えてくれる．バスは畑の中を走ったかと思うと点在

写真31●ボルドーのワインの館

するフランスの田舎風の家が並んだ通りを走った．二車線の道が狭くなり，曲がりくねってきて，ところどころに，ボルドーと書いた緑の標識が出てくる．やがて市街地に入ったので，直ぐかと思ったが，運転手は何も言わない．少し不安になってきたので，ホテル・ノルマンディはまだかと念を押す．彼は右手の親指と人差し指で円を作り，OK というサインを出して車を走らせる．幾つかの村落を過ぎて，比較的大きな市街地に入った．いわゆるショッピング街である．そこから３つ目の停留所に来た時，運転手が左手のビルディングを指差して，あそこがノルマンディだという．家内と二人で急いでトランクを持って降りた．降りた処が広場になっている．バスは行ってしまったが，一向にホテルのサインは見えない．とにかく歩きだす．向こうから来る２人連れにホテルを聞く．どちらかが知っているだろうと思った．やはりそのうちの１人が，大きなビルを指差して，「アプレ」といった．そのビルの方向に近づいて行くにしたがって，その光景をどこかで見たような気がしてきた．そしてそのビルが写真で見たことのあるボルドーワインの本拠地「ワインの館」（**写真31**）だということに気がついた．ボルドーワインの宣伝を一手に引き受けて，その名を世界に広めている団体である．中に入ると大きなホールがあり，壁には「葡萄の樹の下で眠って

いる人魚」のタペスト
リーが掛かっていた．そ
のビルの後ろ側がホテ
ル・ノルマンディだった．
看板では名前が縦書きに
なっていた．ミシュラン
の格付けは三ツ星であ
る．フロントの若い男に
名前を告げると直ちに鍵

写真32●ボルドーのアンギュイーズ（ウナギ料理）

を取り出し筆者らの荷物を１つ取って，エレベーターで案内してくれ
た．宿帳もつけないで案内されるのは初めてだ．安全な証拠なのだろ
う．

　早速，町へ出てみることにした．カウンターでさっきの男から町の
地図をもらってひと歩きした．ブドー館前の広場を通って，大通を横
切るとショッピング街である．そこを左に折れた所にシーフードレス
トランがあった．海の幸を扱うレストラン・アンドレである．店先に
多彩な魚を並べていた．アンギュイーズ（鰻）のソテーを食わせるか
と聞いたら，OKという事だった．町を一巡して，また来るからといっ
て店を出た．

　アンギュイーズ（**写真32**）というのは鰻料理である．**鰻**には**イク
シオトキシン**という血液毒があるので，刺身など生で食べると危険で
ある．この毒は，アナゴ，ウツボなどの血液中にも含まれていて，誤っ
て口にすると，下痢，嘔吐，流涎，皮膚の発疹，感覚異常，麻痺，呼
吸困難と恐ろしい症状が続き，ついには死に至ることもあるといわれ
る．こんなことを並べると恐ろしくて鰻が食べられないが，熱を通せ
ば大丈夫である．

　ヨーロッパの鰻料理を一度食べてみたいと思っていたが，これまで機会がなかった．1990年にストラスブールに行ったとき，レストランのメニューに出ていたので注文したが実際にはできないとのことだった．やはり，注文する人があまりいないのだろう．とにかく，今度は食えるという保証を得た．

　街の東側を流れるガロンヌ河に沿って，南北にワインの生産地が広がっている．南には貴腐の白ワインで知られる**ソーテルヌ**村があり，北は赤ワインの**メドック**地区で，どちらにも名門シャトーが点在する．シャトーとはワインの醸造所のことを指し，周辺の葡萄畑を含めて，そう呼ばれる．この地がワインの生産拠点となり得たのは，土地に負うところが大きい．ボルドー周辺は下が砂地で，葡萄畑にも川底で見かけるような丸い，つるつるした白石がごろごろしている．葡萄はもともと砂漠の植物なので，水はけのよい，あまり肥沃でない土地に適しているのである．一般に悪い環境で育つ植物のほうが花や実をよく付ける．種族保存のための法則で，枝や葉に行く養分をそちらに廻すからである．

　鴨猟に詳しい知人の話では，鴨猟を禁止すると鴨の数は増えないが解禁するとかえって鴨の数が増えるという．これは鴨の数が少なくなると種族保存の法則で，鴨の産卵数が増えるからだという．

　そんなボルドーではあるが，同じくワインの産地であるブルゴーニュ地方と違って，有名な料理やレストランが意外と少ない．多分，この地方を通る旅人の数が少なかったためではないかと思われる．それでもうまい料理を食べさせてくれる店はあるにはある．

　夜，アンギュイーズを食べるために，先ほどのアンドレに出かけた．昼間の若いウエイターが出てきて，よくきたという事で席に案内してくれた．彼は，ランプロワ（八つ目鰻）もできるという．ランプロワ

はこの地方の特産だという.

　メニューにも鰻の料理があった. そのチラシに曰く. Every thing is beautiful chez Andre. The host's engaging smile as well as his top-notch ultra-fresh fish and seafood. His philosophy? To never refuse a table. His ambition? To put every customer at ease in enjoying the seafood be knows and lives. Our advice? Andre is well and truly the king of shellfish! もちろん, この言葉がフランス語と併記されていた. 外国からのお客も多いのだろう. 肝心のアンギュイーズは, 食べ方が日本とは違い, 腹を開かない. 直径2〜3センチの鰻が, 黒い皮をつけたまま, 3〜4センチのぶつ切りにし, 細かく切ったこんにゃくやねぎと共にオリーブ油で妙めてある. それが山盛りになっていて, 切口がぎざぎざになったオレンジがついている. 黒い皮が付いているので, 蒲焼の感じは全くない. もちろん, 骨が付いているのを丸かぶりして, 骨だけ出すのである. 味は格別.

　ワインのほうは, レストラン特製の赤と白の辛口を注文した. ワインの本場のど真ん中で名もないワインを飲むのも芸がないと思ったが, 「これこそフランス人の生活そのもの」と貧乏人の言い訳を用意して我慢した. 日本ではワインというと, ボジョレヌーボーだ, ロマネコンティだという事になるが, それらは超高級品で, 実際には, 現地の人々はその付近でできるテーブルワインを楽しんでいる. ちなみにボルドーで有名なフランスワインがいくら位しているのかを知るために, この店のワインリストを見せてもらったところ, ブルゴーニュやシャンパーニュのものはやはり高価で, 一瓶が日本円で8000〜18000円もした. こんな高価なものを毎日は飲めない. 特別な時以外はなかなか口にはできないだろう. 鰻と並んで珍しかったのが, ジロンド河で取れる「八つ目鰻の料理」だ. これはうなぎではない様で胴に沿った7つの鰓孔が眼の様に見えるので八ツ目と呼ばれるそうであ

る．直径 10 センチくらいの相当大きな八つ目鰻を，頭を上にして天
井から吊り下げ，尻尾のところに穴を開ける．八つ目鰻がグニャグニャ
と暴れて滴り落とす血を，バケツで集める．集めた血液は赤ワインと
チョコレートで煮込み，そこへあらかじめ血を抜いたぶつ切りの八つ
目鰻を加え，さらに煮込むというものだ．出てきたものはなすびに烏
賊墨をかけたようで，見た目はあまりよくない．ただ，味のほうはな
かなか"イカス味"だった．気に入ったので缶詰めにしたものを買い
求めた．誰か好奇心の強い友人が来たときに開けたいと思っている．

ボルドーのシャトーとワインを見て回る

　1993 年 6 月 14 日（月）：晴れ時々曇り．9 時半にサントリー社の北
尾幸吉雄（コキオ）氏が来館．早速ワイナリーの見学に出発した．北
尾氏は京大農学部で作物学を納めた葡萄の専門家で，シャトーラグラ
ンジェでワイン作りをしている人である．まず，シャトー・イケムの
畑に立ち寄って，次いで，シャトー・リューゼック（ソーテルヌ）（**写
真 33**）を訪問．ここは白の**貴腐ワイン**を作っている．ブドウ畑は 75
ヘクタールである．ちなみにイケムは，100 ヘクタールという．他の
地方では農家からブドウを集める協同組合があるが，ここにはない．
ここは，1914 年植付けの古いブドウの樹があり，毎年 20％を植え替
える．1 ヘクタールに 6000 本ほど植える．植えてから，3 年は放置，
3〜4 年目に実ができる．この間は葡萄ができても良いワインはでき
ない．つまり 12 年ほど寝かす事になる．土質は地表から 2 メートル
ほどが砂地で，その下は粘土質といわれる．根は砂地まで伸びるが，
場所によっては，もっと深く 10 メートルぐらいの深さまで伸びる場
合もあるという．

他のシャトーでは，1ヘクタールから，55から60ヘクトリットルのワインを作るが，ここソーテルヌでは，約半分の25ヘクトリットルしか作らない．換言すると，他の地帯では，葡萄の樹1本から，ビン1杯分の

写真33●リューゼックのシャトー

ワインができるが，ここソーテルヌでは，**グラス1杯分のワイン**しか作らない．だから，高価なのである．リューゼックの葡萄は，60％がセミヨン，40％がソービニヨンである．年間5万本ぐらい作る．これに対して，他の地帯のものは，12万本である．とにかく貴重品のワインであることを強調していた．できたワインは，60〜80年間熟成させる．若いソーテルヌは酸がはっきりしていて，フォアグラに合う．これに対して，古いものはチーズに合うという．食後のソーテルヌとしてはもっと古いものが良い．一般にアルコール分14.5％に亜硫酸50ppmが入っていて，酵母は死んでいる．

ボツリヌス・シネリア（BC）というカビがついたものを毎年2〜8回採って廻る．この干し葡萄のようになったものからできたワインが貴腐ワインである．BCの付いていないときは，アルコール分12％ぐらいになるが，BCがつくと60％の水分がなくなるので，アルコール分が20％ぐらいになる．BCはリンゴ酸を資化する．リューゼックでは白ワインが主であるが，ボルドーでは赤ワインが多い．ただし，BCが赤い色素（アントシアニン）を食べてしまうので，ワインが白くなるという．

　ネゴシアンとしては，イギリス系の会社が多い．農家からワインを集めて，新しいラベルをつけて売る．或いは大シャトーから瓶詰めを買い集めて，海外に売る．

　ボルドーでは葡萄とワインが1つになっていて，土質を考えて良い葡萄作りをしている．これに対して，アメリカでは，葡萄は食用にもなるので，とにかく，量産する事を考えている．土質よりもむしろ地上部を考えているという．

　サンテミリオンで食事をした．四つ星のホステ・リエプレザンスである．アペリチーフには，Lillet 25, Kir Royal 42, Chanpagne Mumn 46 が出てきた．このリレ（Lillet）というのは，ワインに種々の薬草からの抽出物を入れたもので，そのレシピは秘密だという．サンテミリオンのワインは，Chateau Pavie, 1982 で，メインディッシュは，子牛のフィレである．

　その夜は，ラグランジェのシャトーに泊めてもらった．ここはサントリー社が地元のシャトーを買い取ってそれを綺麗に整備して，ワイン作りをしていた．北尾氏がその責任者である．シャトーはまるで御殿の様で，2階の窓から見ると前にはヴェルサイユ宮殿のような庭が広がっていて，池には白鳥が泳いでいた．当時の佐治社長が年に何度か来られる以外はほとんど来られる方もないとのことで，筆者らは研究所のご好意で泊めてもらう事になった．社員の方もほとんど行かれたこともない様で，関係者にこの話をすると羨ましがられる．

　シャトーラグランジェの赤ワインはアルコール分 13%で，ポリフェノールを多くするように努力しているという．ブドウは，66.5%がカベルネソービニョン，26.5%がメルロー，7%がプティベルドーだという．シャトー内の発酵設備を見せてもらった．ワインづくりはフランスでは農業そのものであるという．

　ボルドーのみで，11000 のシャトーがあるが，格付けされているのは 60 社のみである．この格付けは 1855 年に行われたもので，これが**グランドクリュ**（Grand cru）と呼ばれる．グランドクリュは，1〜5 級に格付けされている．もちろん，シャトーラグランジェはその中に入っている．

　15 日(火)：晴れ．中西卓也氏(Grands Millesimes de France 社　副社長)が来て下さり，ボルドーの有名シャトーを案内して頂いた．

　ボルドー全体で 1 万もシャトーがあるといわれる．そのなかで，シャトー・ラフィットロスチャイルドを訪問した．このシャトーは，1797 年の設立で，既に 200 年以上の歴史を誇っている．有名な金融資本ロスチャイルド家の所有で，葡萄は，75％がカベルネソービニョン，25％がメルローだという．発酵は 28 度で，3 週間行う．木樽 1 つが 200 万円して，それを 2000 樽出荷するという．地下のワイン保存室(セラー)には，1800 年前後のナポレオン時代からのワインが保存されていた．こんな古いワインが飲めるのかと聞いたところ，案内のロクバムさんが 2 本の古い赤ワインを電灯で透かしてみせて，「このように赤い色素が残っているものは大丈夫だが，こちらのように透明になってしまったものは駄目だろう」と言った．彼もこういう古いものを飲んだ経験は一度だけだという．

　余談だが，神戸の知人にワインの収集家が居て，この話をしたところ，このシャトーの 1945 年ものを飲ませてくれた．味は文句なくまろやかだった．こんな体験は滅多にないので，その時のラベルとコルク栓は大事に保管している．残念なことに神戸の大震災で多くのワインが地上に流されてしまったと聞いた．

　ロスチャイルド家所有のシャトーは他にもあって，ソーテルヌ地区にある一級シャトーリューゼックもその一つである．白の貴腐ワイン

写真34●ワイン保存室．ナポレオン時代のワインが並んでいる．

写真35●ロスチャイルド家の紋章である５本の矢（５人の息子を示す）

をつくっていることで有名なシャトーだ．葡萄の実に“かび，ボツリヌス・シネリア（BC）”がつき，腐って萎びたように見えるが，これが貴腐といわれるものだ．このような葡萄粒からつくった白ワインが最高級のワインの味を示すのである．このシャトーの貴腐葡萄からつくったワインだけがリューゼックの名前を付けられる．貴腐ワインは葡萄の樹一本から，コップ一杯分しか取れないといわれるから，高価なのも頷ける．

　ロスチャイルド家は，マイヤ・アムシェル・ロスチャイルドがフランクフルトのゲットー（ユダヤ人街）から身を起こし，その才覚と誠実さで蓄財に励み，世界的な金融資本家となった．特に，ナポレオン戦争時代に５人の息子が，ロンドン，パリ，フランクフルト，ナポリ，ウィーンに活動の中心を持ち，互いに多額の金を安全に供給する事により莫大な利益をあげた．ロスチャイルド家は現在でも全世界の金融を牛耳っている．最近読んだ本によると，バブル経済をはじめ世界経済を操っているのは全てこのロスチャイルド一族であるという．“ワ

インにバブル経済"実は知らない次元で，私たちはこの一族に支配されているのかもしれない．

　次いで，Beycheville（グランクルー4級）を訪問した．ここはメセナ活動もしていて，毎年夏に1ヶ月間芸術家を集めて，経済援助をしている．滞在中に着想をえて，1年後に作品を提出してもらう事になっているという．

　昼食は，シャトーホテルの Cordeillan Bages にて頂く．この所有者は，シャトーランジュバージ（5級）のオーナー Lynch Bages 氏であるという．

　前菜は鰻料理（Le Press d'Anguilles de Gironde aux Girolles）で，10センチ四方に切った鰻のプレスで，皮はなく，焼いて煮たうなぎを何本も同じようにゼリーで固めて，それを切ったような物である．ジロール茸（まったけ），フリーカッセの煮込み，ブレッセの煮込み，ポトフの煮込みなど．ソテー．パンはクロワッサン2種類，メインディッシュは La Poulet Fernier Poti aux Onigones（オニオン）．ワインは，白：La Louviere（1989），赤：Chat. Pichon Conte（1987）だった．

　葡萄はもともと砂漠の果実といわれ，石ころの多い砂礫土壌が良い．微量元素の欠乏が現れない限り養分をやらない．夏は温まり易いのが良い．粘土質は水が多く温まりにくい．メルロー種は温まらなくても早く熟する．一般的に葡萄は痩せた土壌の方が品質が上る．施肥すると量は増えるが質が落ちるという．

　夜は，八ッ目鰻．ジロンド川で獲れる太い鰻の頭を切って，逆さまにぶら下げて，血を抜く．血には赤ワインとチョコレートを入れて加熱して，それに血を抜いた八ッ目鰻を輪切りにして煮込むのである．赤ワインにラグランジェ（1987）を賞味した．

　この日も，シャトー"ラグランジェ"（**写真36**）に泊めてもらった．

写真36●サントリーが買い取ったシャトー・ラグランジェ

サントリー社以外にもボルドーのシャトーを買い取った日本企業があるという．Reysson（メルシャン），Citran（東高ハウス，山口百恵氏）の他，小さなシャトーを所有する大谷産業（醸造機器輸入会社）などがあるという．因みに，グランドクルーの場合，1ヘクタールが1億円とのことだった．これらが現在どうなっているか知らない．

◆スペインのヘレスとカディス(1993,06,20-)

　20日（日）：スペインセビリアのホテルアルカザールからバスでヘレス（Jerez）へ向けて出発した．バスはがら空きで，窓の外は一面のひまわりの畑である．ハイウェーの中央帯にも黄色，ピンク，赤色の花が満開であった．左手前方には小高い丘が連なっていた．50分ほど走ると右手の丘陵地に葡萄の畑が現れた．多分これはもう，シェリー用の葡萄である．シェリーはカンパリと共に食前酒として注文することが多い．12時にヘレス・デ・ラ・フロンテラに到着した．ここはアンダルシア地方のブドウ酒の産地として有名で，特にシェリー酒は世界的名声を得ている．

スペインヘレスのシェリーとイギリスの影響

　シェリーはスペインのワインで，生産方法が他のワイン類とは違っている．辛口のフィノと甘口のオロロッソがあるが，日本ではそんな区別をすることは少ない．再び，ひまわり畑が現れて，牛が放牧されていた．一般的に**放牧されている牛の肥育具合を見るとその地方の豊かさが分かる**．そういう意味でこの地方の牛を見ると，なかなか肥っているように見えた．1時間ほど走ったところで，**ヘレス**（Jerez）のサインのある建物が見られる様になった．ヘレスはスペイン半島の南端に近く，アフリカにも近い大西洋岸の町である．"光の海岸"から車で30分ほどの内陸にある．

　ホテル周辺を歩いていると，イギリス人がアンボレラパイン（傘松）と呼ぶマッタケ型の大きな樹が何本も生えていて，それらが日除けに

写真37●ゴンザレス・ピアス社のボディガ（酒蔵）．当時は皇太子だった徳仁殿下（現在は今上天皇）の名前もある．

なっている．不思議に南アフリカを思い出した．なんとなく雰囲気が似ているのである．**シェリーはカディス港を通してイギリスに輸出**されていたので，イギリスの影響があるのかもしれない．カディス市には，イギリス調のピンク色の壁に白い枠組みをした建物がいくつか見られた．ヘレスにはそんな建物はなかったが，樹木や公園のたたずまいがよく似ている．

　食の世界ではイギリスの評判はよくない．「ヨーロッパには美味しい料理があるが，イギリスにはテーブルマナーがある」と皮肉られている．しかし私は，食においてイギリス人の果たした役割は決して小さくないと思っている．「フランスにはフランスワインしかなく，イタリアにはイタリアのワインしかないが，イギリスには世界のワインがある」といわれるように，世界の海を支配した大英帝国には世界の酒と食が集められ，そこで評価を得ることが重要なこととされていた．ボルドーのワインも1855年ごろまではもっぱらロンドンに送られていた．スペインのシェリーを育てたのもイギリス人である．それを反映して会社名もイギリス風のものが多い．ティオペペというブランド名で有名なゴンザレス・ピアス社もスペイン人ゴンザレス氏とイギリス人ピアス氏の合弁会社である．1835年に創立されたこの会社の，ボディガと呼ばれる酒蔵には，ここを訪れた有名人の名前を書いたシェリーの樽が何段も積んである．日本の皇太子徳仁殿下（当時）の

名前もあった．（**写真 37**）樽の中身は，名前が書いてある方々に毎年差し上げているとのことで，雅子さまもこのシェリーを召し上がっておられるのだろう．

ハーベイ社では案内係のギレルモさんが，フィノやオロロッソをつくる種々の段階のシェリーを用意して説明してくれた．ワインづくりの最大の課題は，いかに葡萄果汁の糖濃度を上げるかにある．そのために様々な工夫がなされているが，ここでは葡萄を仕込む前に 2 日ほど天日にさらして糖度を上げる．干し葡萄からワインをつくると想像すればいい．若いシェリーは薄い黄色をしているが，日本のレストランで注文すると，大抵，酸化の進んだ褐色になったシェリーが出てくるが，これはいたしかたない．さすがに本場では，薄い黄色のシェリーを味わうことができる．

タクシーでカディスを見学

1993 年 6 月 20 日の午後から，カディスへ行くことにした．運転手は品の良い中年の紳士で英語ができた．この地で生まれたという事で，いろいろ説明してくれた．**カディス**は人口 15 万人，ヘレスの 18 万には及ばないがほぼ同じ規模である．産業は，サトウキビ，ひまわり，綿，小麦などである．気候がいいので，花が豊富である．赤白のアゼルファス，赤紫のブーゲンビリア．そういえば，グラナダの城に 10 メートルもあるかと思われる背の高いブーゲンビリアが満開であった．シェリーの会社が幾つかあるが，会社名は英語が多い．やはり大英帝国の影響だろう．世界中を廻ってみると，かつてのイギリスが良い所を押さえていて，そこをイギリス流の優雅なリゾート地に作っていることが分かる．調べてみると世界の海峡の細くなった部分はほとんどがイ

ギリス領になっている．先端の小さい所だが，そこをイギリス領にしているのである．世界の船舶の交通を全て押さえる目論見だったのだろう．とにかく知恵者がいて，イギリスの国力がそれを可能にしたのである．幸か不幸か世は航空機の時代になり，それらの試みはほとんど水泡に帰したが，そのいくつかは観光地になり，観光客の落としたお金はイギリスに入ることになっているらしい．

　カディスは漁港で，その関連産業が多い．しかし，海に近すぎて塩分が土中に多いので，葡萄が生育しない．むしろ，周辺で生産されたワインをイギリス，オランダに輸出する役割である．シェリーの三角地帯とは，ヘレス，プエルトサンタマリア，サンルーカルの三都市で，カディスは入っていない．この辺りはコスタデルルス（光の海岸）といわれ，マラガ辺りのコスタデルソル（太陽の海岸）と対比されるが，ソルの方は地中海で汚れがひどく，他方，ルスの方は大西洋に面しているので，水がきれいだといわれる．

　大学やタバコの会社は郊外に移りつつあるといわれ，その跡地には議会場が立てられる予定だと聞いた．町のあちこちにカニオン（角）と呼ばれる高さ1メートル位の棒のようなものが立っている．これは建物を保護するためのものといわれるが，ガイドもいつ頃のものかわからないという．自動車ができる前からあったものといわれる．

　5時過ぎにホテルに戻って，それから**ヘレスの街**へ出た．歩いて中心にあるカセドラルに辿り着く．これはなかなか立派な教会で，正面の彫刻が素晴らしい．中に入ってみると，よく肥った牧師さんが出てきて説明してくれた．このあたりの教会は全てイスラム時代のモスクをつぶして，その跡に建てたものである．だから，メッカの方向に向って建っているが，町並みはそのまま残っているとの事だった．太陽光線が強いので，白壁の家が多い．ヘレスの街はきれいだが，物乞いを

する乞食が多かった．若い男が寄ってきたこともあった．夕方になると危険も増すので，できるだけタクシーで，"ドアー to ドアーの移動"を心掛けた．日曜なので，閉まっている店が多かったが，中央広場には家族連れの人々が相当出ていた．しかし，中央を離れると人影はまばらで，細い道が曲がりくねっているので，気味が悪いところもあった．このあたりまで来ると日本人も少ないので，何度もハポネ（日本人）かと聞かれた．流石に中華料理店はあったが，

写真38●長い柄のついたベネンシア（柄杓）でシェリー酒を注ぐ

セビリアに比べて，数も少なく，味も悪かった．

　海鮮料理を食わせるという，ヴェンタ・アントニオというレストランに入った．大きな建物全体が船の飾り付けで，大きな飾りの網が張り巡らされていた．生ハム（1100 ペスタ），アサリのサフラン煮（1600），魚類のから揚げ（1500），この他，パエリャ，ガスパチョ，蛍烏賊の墨煮などがメニューにあった．ワインはオロロッソをとった．オロロッソは一般には，やや甘口といわれているが，実際ここで飲まれているものは，結構ドライだった．

　21日（月）：ゴンザレス・ピアス社を訪問した．ここは古いシェリーのメーカーで，毎日2百万キログラムの葡萄を処理していて，6万本のビンを出しているという．酒樽の蔵を見せてくれて，グラスでワイ

ンを飲ませてくれた．その時に樽のワインをグラスに注ぐ芸当が見事だった．細長い柄の先に小さな桶がついていて，そこに入っているワインを反動よろしく，左手に持ったグラスの中へ空中に糸を描いて，注ぎ込むのである．素晴らしいといって感心していると，蔵人はお前もやってみろ，コツを教えてやるといって，やり方を教えてくれた．その通りにやってみると，果たしてうまく行った．(**写真38**)

　普通のワインはアルコール含量が 12 〜 15 %である．ところがここで作っているフィノでは 15.5 %，オロロッソは 18 %である．ワインは 1 年しか持たないが，シェリーにする（fortified という）とフィノで 5 年，クリーマが 8 年，オロロッソにすると 12 年というように長持ちするという．

　ここでは，ソレーラシステムを採用している．これはワインの樽を 3 段ぐらいに積んでおいて，上段から下段にさがるに従って徐々に成熟が進むようにしているので，下段の樽ほど美味くなる．だから呑む時は下の樽から飲んで，その分を上の樽から継ぎ足して補充して行くのである．上段のフィノの樽はまだ酵母が生きていて発酵(生物反応)が進むが，下に行くに従って酵母は死んで，化学反応が進む事になる．他方，ブドウ汁を 5 分の 1 に濃縮して，それを色のコントロールに使っている．

ヘレスの生ハム

　酒は民族の文化である．よい酒のあるところにはよい料理がある．ヘレスの辺りはハモンセラーノ（生ハム）の本場である．闘牛場の前にエル・エアンディド6という当地でよく知られたレストランがあった．生ハムはあちこちのレストランで何度か注文したが，ここで出さ

れたものが最高で，白い脂の部分が透き通るような感じで，まさに天
下一品であった．スペイン料理は，米を使うし，魚介類も豊富なので，
日本人にもよく合う．まずガスパッチョ．これは少し酸っぱいトマト
味の冷えたスープで，キュウリ，トマト，セロリ，タマネギといった
野菜のエキス，食酢，オリーブ油などが含まれている．これらの材料
は別の入れ物に用意されていて，必要な人は自分で加えて好みに仕立
てて食べる．私はそれらを等量加えたが，そのまま食べている人がい
たのでその訳を聞くと，「スープの味は個人の好みで調整するもので，
自分はこの店のスープの味が一番よいと思うから何も加えない」とい
うことであった．ガスパッチョはもともと，貧しい葡萄採取の労働者
が，暑い時期に畑仕事をする際に飲むもので，簡単にできて，冷たく，
なおかつビタミン類を豊富に含んでいるという．

プラハのチェコ料理とワイン，ハンガリーのトカイ

　1997 年 8 月 16 日（土）：チェコの空港にはコチックさん（チェコ生
化学会の長老でチェコが解放される前の統制下で自宅に泊めてもらっ
た時以来の知人である．この時は警察に出頭して書類を提出したり大
変だった）が来てくれていて，直ちに彼の車で，ホテル・パリへ向かっ
た．このホテルはパリに憧れて，1907 年に作られたという．コチッ
クさんはレストラン「クラステレニー・ビナルナ」へ連れて行ってく
れた．スープはセレスディンヌードルと呼ばれ，乾燥焼き麩のような
ものがたくさん浮いていて，味良好であった．次に肉団子が出たが，
これはあまりいただけない．スイーチコバという牛肉にクリームのつ
いたもの．豚肉の入ったベップチコバはドイツのアイスバインのよう
な酸っぱい味がしていてあまりいただけない．これらは典型的な**チェ**

コ料理という事で，全体的には大変味がマイルドで食べ易かった．特にタレが美味かった．**アルコール飲料**としてはアルコール分 30％のベヘロフカというのがある．28 種類のハーブで作られていて，フレンチベネディクチンに似ているが処方は秘密ということだった．南部の**モレビアン**という赤ワインは良かった．南スラビアの白ワイン銘酒パラバ（since 1837）がある．コチックさんは大変いいと褒めていたが，小生はそれほどでもないような気がした．この他，もちろん，ピルゼンビールもある．アルコール分は，3.7％，5％のものがある．

　18 日（月）：この日はチェコのプラハからハンガリーのブタペストに移る．まず，有名なホテル・ゲラートへ入る．有名な橋の袂にあり，ブタペストに来たら絶対泊まりたいホテルである．そこから王宮まで歩いて行った．王宮からタクシーでホテル推薦のレストラン「ブシュロユハセ」に行った．ハンガリーの銘酒白ワイン**トカイ**にキルシの赤い実を入れたトカイカクテルは美味いものだ．**フォアグラ**を油で焼き炒めたようなものが出てきてこれは大変美味かった．これなどは日本ではなかなかお目にかかれないものである．Beef yellow mushroom というのも大変味が良い．デザートの**ストルードル**はハンガリーの特色あるお菓子である．

　19 日（火）：国際バイオジャーナル（AMB）の国際編集会議が開かれた．会議の後の夕食はホテル・ゲラートの食堂で食べた．ホテルの前をドナウ河が流れている．幸い，我々が泊まった部屋が河側にあり，ドナウに懸かった大きな橋が眼下に見える．ホテルには大規模な共同風呂があって，古代ローマのカラカラ浴場もこんな物だったのではないかと想像される．風呂だけ入りに来る人も結構大勢いるが，宿泊客は何度でも自由に入れる．ただ，このホテルの予約を取るのがなかなかで，何らかの伝手（つて）が必要の様である．

ウィーンの森──ベートーベンのデスマスク

　1997年8月22日（金）：ハンガリーからオーストリアに入り**ウィーン**の観光を堪能した．

　テレビでよく見る国立オペラ座を見学．夏休みを利用して，舞台の修理をしていた．舞台裏が舞台と同じぐらいの広さがあるのが特色だという．ウィーンには，世界を動かした偉大なユダヤ人フロイド記念館があるので見学した．診察していた部屋もあり，印象的だった．それからウィーンの森のツアーに参加した．標高600メートル以上をウィーンの森というそうで，日本人の感覚とは違う．ウィーンの森で**ベートーベンのデスマスク**を見た．ベートーベンは醜男といわれ，そのために何度も失恋したといわれる．ところが我々がよく見る肖像画ではとても醜男には見えない．むしろ苦みばしった好い男である．筆者自身の中にその両面を説明できないジレンマがあったが，彼のデスマスクを見て，どちらも真実だという事が分かった．見方によっては猿面冠者だが，見方によっては肖像画も嘘ではない．ウィーンの森は結構広い地域に拡がっていて，オーストリア王室の悲劇の館も見学する事が出来た．ウィーンの森には新しいワインを飲ませる所もある．

グリンツィング村のホイリゲ

　1976年に初めてウィーンに来た時は，近くのグリンツィング村までホイリゲ（その年にできた新しいワイン）を楽しみに行った．日本と同様に軒下に針葉樹の枝飾りを下げて新酒のできたことを知らせる農家の庭のテーブルで近所の人びとも一緒になって，ワインを飲んでみんなで歌を唄っていた．ただし，最近では団体観光客が多くなり，

旅行業者による買い付けたワインを飲ませるホイリゲ風レストランが多くなり，自家製ワインを飲ませる個人経営の店は少なくなったといわれる．

オーストリアのワインは**白が81%，赤が19%**といわれ，ブドウの種としては35%がグリューナーベルトリーナ種で，これは白の辛口である．生産地は①ウィーンの森，②バッハー（ドナウ川上流域），③ブルゲンランド（ハンガリー周辺）である．

ウィーンのコーヒーは，Einspaener と Melange があり，後者はミルクコーヒである．

夜はインペリアルコンサートでモーツァルトを聞いた．一人350シリング（約3500円）である．この切符を町のあちこちで若い女性が売っている．彼女らに直接，金を払うので，まさか偽者ではないと思うがちょっと気になった．しかし，胸に名札と身分証明書をつけていて，正式切符だという．こういう女性が何人も居て，切符を買っている人も多いので，彼女らの言う事を信じて切符を買った．

夜のコンサートは市庁舎前の広場でも大規模にやっていた．これは只（ただ）で大きなスクリーンに映る映像を見ながら，若いカップルや犬を連れた老夫婦が楽しんでいた．

23日（土）：天気が良かったので，シェーネブルグ城を再訪した．ブルボン家の栄華の跡で，中国や日本の陶器類もたくさん保管されていた．ただ，向こうの人（オーストリア人）の中にはヴェルサイユ宮殿のコピーだと言い捨てる人もいた．その後，市内公園を廻って**メンデルスゾーンら音楽家の像**を見て歩いた．ウィーンは音楽は一流だが，宮殿やその他は二流だといえるかもしれない．ところが，当地の連中までその事を勘違いしているフシがある．

ヨーロッパでは宮殿はパリ郊外の**ヴェルサイユ**，教会はローマのバ

チカン，宝物はロンドンの**大英博物館**を見れば後は全てそれ以下で OK のようである．

24日（日）：とにかくウィーンは**音楽の都**だけあって，どこへ行っても有名な音楽家達の像や由緒のある建物がある．レストランでも**大抵ピアノの生演奏**をしている．

最後の日に音楽を聞きに行くことにした．シェーネブルグ城の一隅でやるという．この城の修理には国費を使うので，誰でも金を出せばその設備を使えるという．1枚5000円の券なので，2枚で1万円である．道路で切符を売っているのはそういう音楽団体の娘さんたちで，胸に証明書をつけていた．席は，A，B，Cとあり，色分けしてあった．Aは赤い券である．座席番号は決まっていないので，大丈夫かと聞いたところ間違いないという．A席が満席になると連絡があるという．噂によると，A，B，Cの席数が決まっているわけではなく，彼らが戻ると当日売れた券の種類が分かるので，それに応じて前列から，A，B，Cの席を作るようである．夕方少し早めにタクシーで行ってみた所，A，B，C席の前の方が詰まりつつあった．小生らは2列目に席を確保した．

演奏は十数人の楽員と2組の男女のダンサーによって，モーツァルトのドンジョバンニが演じられ，モーツァルト中心の第一部と休憩を挟んで，第二部としてはヨハンシュトラウスのワルツである．これは何処へ行っても同じパターンで，ベートーベンの一部とシュトラウスの二部というのもあったが，モーツァルトとシュトラウスの組み合わせが圧倒的であった．休憩時には庭園に出てワインを楽しむことになっていた．演奏会は8時半から始まり，45分ずつの二部で，10時半頃終了した．

【旅行の注意を1つ】滞在最後の日を日曜日にしないこと．という

のは何処も土産を買う店が開いていないことである．だから，もし最後の日が日曜なら，それまでに土産類を買っておくことが必要である．ただ，もう一つの可能性は駅とか空港の店が開いている．

マルセイユの中央駅から港まで，そしてブイヤベース

　2013年3月2日（土）：寒々としたフランクフルト（ドイツ）からマルセイユ（フランス）に来てみると，気持ちの良い青空だった．ヨーロッパの人々が，明るい太陽を求めて，地中海に向かう気持ちが分かった．

　午前10時頃にマルセイユ空港に着いたので，そこからタクシーで，国鉄中央駅の近くにあるサン・チャールスホテルに入った．マルセイユでは港から鉄道の中央駅までがなだらかな登りの坂道になっていて，このホテルは丁度その真ん中辺りにあった．翌日は，汽車で地中海の港町バニュルスに行くので丁度よいホテルだった．中央駅は立派な建物で坂の上にあった．まず，ホテルの周辺を歩いてみることにした．坂を上ってマルセイユ中央駅に向かう．少し歩くと正面に多数の階段とその途中に彫刻した像のあるところに来た．

　次の日のバニュルス行きに備えて，切符売り場と出発ホームを確認して，ホテルの方に引き返し，今度は坂を下りて，港のほうに向かった．港は一番賑やかなところである．

　港の旅行者案内所に行って，カウンターの中年女性に，ブイヤベースが美味いレストランという事でオリヴィエ博士が推薦してくれた二軒の店の評判を聞くと，即座に彼女は，ル・プイッセ（L'puisette）のほうが良いと言う．理由を聞くと，「海に近いから」という．ただ，今1時過ぎだが，2時になると，ブイヤベースは出さないから急いで

行けという．タクシーに飛び乗って，「**ブイヤベース，エピッセ**」
と連呼した．これはタクシーの運転手に誤魔化されないためである．
タクシーは港を取り巻く道路を走り出したので，一安心した．マルセ
イユの町の地図はよく見て来たので，この辺りにベルナールが推薦し
てくれた海のホテルペロンのあることが分かっていた．運転手に聞い
たところ，今からその前を通ると教えてくれた．道を挟んで反対側に
レストランペロンがあった．それから間もなく，タクシーが進行方向
の右手の沿道に乗り上げて止まった．ここがレストランだというが，
右手は海岸線に沿った道路でそれらしきレストランは見えない．そう
いうと，運転手は，先方に"L'epuisette"の看板が見えるだろう．そ
の前に海の方へ下っていく階段があるから，それを降りて行けという．
若い親切な運転手だったので，チップを含めて，13ユーロ払って車
を降りた．階段を下りていくと道路の下に民家が広がっていて，海の
ほうの先端に，レストランの入り口が見えた．まさに案内所の女性が
いうように海に突き出したレストランだった．早速入って行ったとこ
ろ，マネージャーらしい男が出てきて，予約はあるかというので，「予
約はない．今朝マルセイユに来たところだ．友人の，ベルナード・オ
リヴィエ博士の紹介できた」と言ったところ，「一寸待て，心当たり
の店に君の席があるか問い合わせてみる」との事だった．丁度良い機
会だったので，店の中に入ってこのレストランの雰囲気をみたところ，
確かに満席で，みんなやいやい言いながら，ブイヤベースを食べてい
た．まさに海に面したレストランだった．しばらくして，さっきの男
が戻ってきて，近くのフォン・フォン（chez Fonfon）という店でお前
の席が確保できた．近くなので直ぐ行くようにという．言われるまま
に，坂を下って，フォン・フォンという店に行った．後から気がつい
たが，このフォン・フォンという店こそ，オリヴィエ博士が推薦して

くれたもう一軒の店だった。期せずして、推薦の店を二軒とも見ることができた。確かにこの店も満席で、普通の観光客には分からないところで、フランス人達が、ブイヤベースを楽しんでいることが分かった。

　まず細長い皿で三ヶ所に間仕切りされたところに、八寸のように海の珍味が並べられていた。それから白い大皿が出た。底はブイヤベースのだし汁を入れるようになっていて、皿の周辺は幅５センチぐらいひだがついていて、小さなパンを乗せられるようになっていた。かごに小さなパンがいくつも入っていて、そのパンにつけるパテが２種類ついていた。一つはサフランを練りこんだもので、もう一つはマヨネーズに何かの香味を混ぜたもののようだった。パンにそれらを塗って大皿の横に乗せるのである。そして、いろいろな種類の魚の天ぷらがついてきた。次に給仕が来て皿の中央のくぼみにだし汁を入れてくれた。このだし汁がこの店の自慢のスープである。

　小生は以前にある研究集会でマルセイユに来て、本場のブイヤベースを食べたことがある。これは、日本のフランス大使館にいたパルドー博士（マルセイユの出身という事だった）の接待で、マルセイユ一番のものだという事だった。だし汁はもっと濃いオレンジ色をしていて、サフランの練り物を好みに応じて入れるようになっていた。それに比べると今回のだし汁は、大分褐色がかっていた。レストランによって少しずつ違うのだろう。地元のワインを飲んで大いに満足した。

地元の魚師のブイヤベース

　2015 年にホテル・スプランディッドの場所を求めて、再度マルセイユを訪ねた。この時は港の近くに泊まったので、地元の人々が食べ

る魚師のブイヤベースを食べたいと思い，ホテルで聞いたところ，「Marada」というレストランを紹介してくれた．しかし，生憎この日は休みだったので，同じ湾岸沿いにある「chez Maide」(138 qui de Port) を教えてくれた．138 番地まで少し歩いたが，行ってみると大変良かった．湾の反対側には観光客の多いいわゆる高級レストランが多く，2013 年に来た時はそこへ行ったが，今度の店は港の反対側で，泊まったホテルからは，近いところにある．こちら側は地元の漁師を中心にした玄人筋のブイヤベースのようだ．入ってみるといかにも地元の人びとが行く雰囲気である．ウエイトレスが，パン入りのかごと注文した赤ワインを持ってきた．次に料理をする男（彼自身も魚師らしい）が，鮮魚を 3 匹，銀製の皿に乗せて見せに来た．こちらが OK のサインを出すと，これから始めますといって調理場へ入って行った．

　しばらくして，女性が煮込んだ魚を先ほどと同様の銀製の皿に乗せ，別にブイヤベース用の陶器の皿にジャガイモなどの具を入れたものと，サフランと小魚をガラス器に入れて持ってきた．目の前で，銀製の皿に乗せた魚の頭を切り，身の部分だけをスプーンとフォークで分け取り，ブイヤベースの具の上に載せ，一番大事なブイヨンを全部の上に掛けて，すべて終了である．ブイヤベースは何度も食べているので，大体の事はわかっているが，これはいかにも美味かった．会計は，赤ワイン 2 杯を含めて，48 ユーロ．

　翌日は，ジャン・ロッシュの研究所（Institute Jean Roche）へ行く予定だったが，この研究所は，マルセイユ大学に吸収されてなくなったということで，セントチャールス駅まで歩いて行って，ホテル・スプランディッドを確認した．

244

あとがき

筆者は 2000 年（大学退官時）に大学発のベンチャー（株）グリーンバイオを設立し，生分解性プラスチックによる環境問題に取り組む事にした．まず，京都市と民間企業を結んで，生分解性魚箱の利用を図るプロジェクトを推進した．また，木材を原料に発泡性樹脂の製品を試作したりした．

他方，『生命と環境のゆくえ──遺伝子から見える地球の未来』（化学同人）を上梓した．これは 20 世紀後半に勃興した分子生物学（遺伝子組み換え技術）の基本原理を総括して遺伝子操作技術を通して，46 億年の生命の進化原理と地球環境問題を，特に食品問題に対する遺伝子組み換え技術を利用したバイオ食品のその安全性とリスクを生産者と消費者の立場から論じたものであった．それによって，21 世紀の前半には，環境問題と食糧問題で人類の生存に対する重大な危機が訪れる可能性を指摘した物であった．

それから丁度 20 年が経って，ゲノム編集とか再生医療という新しい言葉が生まれ，食品業界や医学界に大きな進歩がみられるようになったが，今年（2020 年）の最大の関心事は地球そのものの環境の崩壊が誰の目にも見える姿で顕在化してきたことである．これは他人（他国）事ではない．我が国を襲った台風水害は世界中でも最大の被害をもたらし，その後遺症は今もなお当分は続くものと考えられる．

翻って，今回の本は，先のものと異なって，筆者が現役中に世界中を訪問して，記録してきた資料をまとめたものである．従って，全ての資料は世界中で筆者しか持っていないものである．しかもそれらを専門家のみではなく一人でも多くの一般の人々に楽しんで読んで頂き

たいと思って書いたものである.

　主人公は微生物の世界ではパスツールに次いで偉大な生化学者オットー・マイヤーホッフ（ユダヤ系ドイツ人）と彼を取り巻く一門である. その業績は, ワインや日本酒のできる中心機構を明らかにしたものであるが生憎, 彼らの活動期がヒトラー政権が猛威を振るった時代 (1930年代) と重なったため, 彼はドイツを脱出して, パリ, マルセイユを経て, ピレネー山を超えてスペインへ脱出した. しかるにこれは戦時中の事ゆえ, 彼のマルセイユでの逃避行の記録は本国のドイツはもとより, ヨーロッパのどこにも残されていなかった.

　筆者はマイヤーホッフの家族はもちろん彼を援助したフランス人ジャン・ロッシュ博士から当時の状況を直接聞く機会を得ると共に, マイヤーホッフを知る関係者を直接訪ねて, 当時の事情を取材して, その記録を残す事が出来た.

　筆者は定年後になって, 自らの記録を整理すると共に, 直接マルセイユを訪ねて, それまで抱いてきた疑問点を明らかにして, その記録を日本語と英語で学術誌に発表した. それらの記録はドイツのベルリンにあるマックスプランク研究所の公文書保存館に永久保存されることになった.

　世界中でワインや日本酒, さらに云えばほとんどすべての人類が, 各々独自のアルコール飲料の文化を持っている. しかるにマイヤーホッフの名前を知る人は専門家以外にはほとんどない. それは彼らの学説が専門的すぎるからである。筆者はそれを伝記風に描き上げ, 難しいところを易しく解説すると共に筆者の訪ねたボルドーなどの有名シャトーの数々を紹介すると共に, 東西ドイツの分断を図っていた壁の崩壊現場, リオンのポールボギューズ店の事など世界の酒と食を紹介した. 気軽に読んで楽しんでほしいと願っている.

謝辞

　定年になって，この本をまとめるために全体を読み直したときに，まず感じた事は非常の多くの方々のお世話になったという事である．特に本書が文献を中心として集めたものではなく，取材を中心にしたものであるため，多くの人々の個人的な貴重な時間を消費させて頂いたという事である．それらの方々の一人一人に謝辞を表する事は不可能である．そのために序文にも書いたように，Pay it forward（恩の順送り）即ちこの本を読まれた方々には，この本の内容を十分に利用して頂きたいという事である．世界のワイン造りの現場を訪問される方はこの本を参考にして頂きたい．また，欧米人の考え方を知りたい方は日本人の考え方との違いを参考にして頂きたいという事である．

　とくに筆者が気にしたのは，日本を含めて色々な組織（例えば会社）に属している方々のご厚意である．その方々にして頂いたご厚意が実はその組織の利益に必ずしも沿っていないかもしれないことを恐れたのである．そのために始めはエヌ氏（NK 氏）とかエス氏（SH 氏）とか表現しようと考えたがそれでは筆者の気が済まない．そのために出来るだけ実名を持って感謝の気持ちを表す事にした．もしその為に不都合が生じるとすれば組織のトップの方のご寛容をお願いするほかない．

　外国の方々にもいろいろお世話になった．特に若い頃の筆者が訪問したにも拘らず，高名な先生方が非常に丁寧に応じ，手紙のやり取りをして頂いたことである．

　こういう一般論の他に，筆者の資料を早く世に出すように尽力して頂いた三人の恩人がいる．それは，アメリカ（MIT）のアーノルド・デュ

メイン教授（Prof. Arnold L. Demain）とドイツ（ベルリン工科大学）のホルスト・クラインカウフ教授（Prof. Horst Klainkauf）である．アーニー（デュメイン教授）は AMB 誌の編集委員として年に何度も会う機会があったが，その度に筆者の小論を少しでも早く発表するように勧めてくれたし，小生の拙い英文を丹念に添削してくれた．また，ホルストはドイツ人なので，論文の内容は必ずしも彼の意に沿ったものではないかもしれないと危惧したが，ベルリンへ行くたびに世話をしてくれ，マックスプランク研究所に連絡を取って，筆者の持つ記録が永久保存されるように便宜を図ってくれた．それにつけてもベルリンの壁が崩壊した夜に，二人で壁の破片を拾いに行った事は忘れられない．それにもう一人は，筆者がワシントン DC の NIH でポスドクをしていた時から今日までの親しい友人で筆者の英語とゴルフの先生であるチャールス・カルパー教授（ノートルダム大学名誉教授，愛称チャック）にもお礼を言いたい．

　最後に本書の出版に際して，京都大学学術出版会編集長の鈴木哲也氏と理事の先生方の大変好意的なお勧めに深謝いたします．また，実務を担当して下さった大橋裕和氏並びに永野祥子氏に感謝いたします．

　また，本書を査読して，貴重な意見をくれた次の研究仲間たちに感謝します．渡部邦彦（京都府大教授），井上善晴（京都大教授），井沢真吾（京都工芸繊維大准教授），鎌倉昌樹（富山県立大講師），梅村勲（元近畿バイオ振興会議 専務理事）．

　最後の最後に私事ながら，大所から支えてくれている妻須美子に一言．80 有余歳まで共に生きてきて，かけがえのない存在である，と．

　　　　　　　　　　　　　　　　　　　　　　　木村　光

オットー・マイヤーホッフの年譜

1884, 4, 12	オットー・マイヤーホッフはフリツクス・マイヤーホツフ（父）とレチナ（母）の次男として**ハノーバーに生まれた**.
1888	一家はベルリンに引っ越し，オットー・マイヤーホッフは，生涯の友となるオットー・ワールブルグと同じ高校（カイザーヴィルヘルムギムナジウム）に通った．
1895	ワールブルグ（エミール・ワールブルグ）一家もベルリンに移る．マイヤーホッフは 1 年上のオットー・ワールブルグと出会い二人は"二人のオットー"と呼ばれた．マイヤーホッフは哲学から徐々に生化学へ興味を移し，最初は医薬の勉強をする気になったが，哲学的背景から精神医学に興味を移し，精神医学者になる決心をした．そのため医薬の勉強の最後の年に，ワールブルグ研究室に入った．この時ワールブルグはハイデルベルグ大学の臨床研の化学部門の責任者だった．彼らは幼友達だったので数年間は一緒に過ごした．初めは一緒に，その後は別々に，同じ研究室内で仕事をした．二人は一緒にナポリの臨海研究所へ行ったが別々のテーマで研究をした． ブラシュがマイヤーホッフの研究室に入った時（1925年），二人は，ダーレムのカイザー・ヴィルヘルム生物学研究所の同じビルで研究をしていた．
1900	オットー・マイヤーホッフ（20才）は腎臓疾患のため長期間の療養を余儀なくされ，4カ月エジプトに行くことになり，そこで，従兄弟で 10 才年上のマックス・マイヤーホツフ（1874−1945）と親しくなった．彼は眼科医だったが，広い教養とエジプト学への興味を持っていた．オットー・マイヤーホッフの生涯に渡る考古学に対する興味はこの交際によるものである．学生時代にネルソン（後のゲッチンゲン大哲学教授）と親交を結び，それはネルソンが亡くなるまで続いた．ネルソンはベルリンのユダヤ人弁護士の息子で，心理学の関係を研究していて，マイヤーホッフに多大の影響を与えた．二人の文通の手紙が多く残されている．二人はカントとフリースの業績を研究し，マイヤーホッフはフリース学派の Abhandlungen の編集を数年間やっている．マイヤーホッフは哲学と考古学以外に芸術と文学の歴史にも造詣が深かった．彼の好きな詩人にはゲーテやリル

	ケがあった.
1903	卒業試験に合格すると，彼はフライブルグ，ベルリン，ストラスブルグ，ハイデルベルグで薬学を修めた.
1909	博士号取得のテーマとして精神医学の課題を選択している.
1910	学位を得て，クレール教授の助手となった. そこで，薬学と生理学の境界領域の研究を始めた.
同年，11 月	ナポリの臨海研究所へ行って，オットー・ワールブルグとウニの代謝研究をした.
1911，中頃	ナポリを離れ，途中で少しチューリッヒに滞在した後，ハイデルベルグに戻った. この年，ワールブルグが博士号取得.
1912	「精神錯乱の心理学理論」を出版. これにはネルソンとハイデルベルグの友人特にクロンフエルドの影響がみられるという. この辺りがマイヤーホッフの転機で，薬学教室の主任であったクレールの臨床で，1 才年上のオットー・ワールブルグと再会した.
同年	キール大学の生理学教室に入る. 当時，この教室はベーテの指揮下にあったが，1915 年以降はルドルフ・ヘーバーが指導をした.
1914, 4, 1	ワールブルグ（31 才）がカイザー・ヴィルヘルム研究所の研究員になる.
同年，8, 1	【第一次世界大戦始まる】
1915	アインシュタインが「相対性理論」を発表. しかし，ノーベル賞をもらったのは相対性理論ではなく，「光電効果」だった.
1918, 3, 23	アインシュタインが，前線にいるワールブルグへ手紙で，「早く帰国して，生化学に貢献するように」と促す.
1921	マイヤーホッフはキール大学の有名教授となった.
1922	マイヤーホッフへのノーベル賞決定.
1923, 12, 12	イギリス人の友人ヒル（A. V. Hill）と共にノーベル賞を受

	けた.
1924	マイヤーホッフにはアメリカからの招へいがあったが，ワールブルグの勧めで，ベルリンのカイザー・ヴィルヘルム生物学研究所の生理部門に移った．当時，そこではワールブルグ，カール・ノイベルグ，オットー・ハーンなどが働いていた．
1926, 1	ナチ学生同盟が結成された．
1929	マイヤーホッフ（46才）はハイデルベルグにできたクレールのためのカイザー・ヴィルヘルム研究所に移り，リップマンも一緒に移った．研究所は4部門（物理，化学，生理，基礎薬学）より成りクレールが所長であった．研究所はマイヤーホッフのために素晴らしい庭付きの豪華な家を建てた．彼は研究室の設計を自分の好きなようにして，ここで，解糖系の代謝に関する本質的な研究を始めた．彼は既に有名だったので，世界中から優秀な研究者が集まった．ルヴォフやオチョアが来たのもこの時である．また，実験補助者として，シュルツやモールも来る事になり，この時期が彼にとって一番幸福な時であった．
1932	ナチ学生同盟がそれまでの民主的規約を廃止し，ナチ理念を導入．
1933, 1, 13	ヒトラーが政権の座についた．
3, 05	総選挙では300人の大学教師がヒトラー応援の文書に署名．
3, 13	帝国国民啓蒙宣伝省が設立され，ゲッペルス博士が大臣になった．
3, 23	全権委任法が成立した．
4, 07	公務員制度再建法が成立し非アーリア人（主としてユダヤ人）の排除を開始した．
4, 12 ～ 5, 10	「非ドイツ的精神撲滅行動」として，ベルリン大学で2万5千冊の焚書があった．
5, 28	ナチの「指導者原理」を大学組織に導入．アインシュタインらノーベル賞受賞学者（ユダヤ人）が大学や研究所を去ることになった（物理10名，化学4名，医学5名）．当時のドイツでユダヤ人の人口比は1％であったが，ノー

	ベル賞学者の比は 25％以上．
1934, 4, 1	省令「大学管理の統一化の指針」
1935, 1, 4	新しい罰則規定により学生達は軍隊式規律の下におかれた．
12, 21	ユダヤ人の公証人，医者，大学教授，教員などの職業禁止．
1938	マイヤーホッフ夫妻がドイツを去り，パリ（フランス）に滞在．マイヤーホッフのパリでの生活は大変満足すべきものであったが，この生活も長くは続かなかった．
1939, 6	ヒトラーがデンマークやイギリスに侵入するというのでリップマン夫妻はコペンハーゲンからアメリカ（ニューヨーク）へ移った．
9	【第二次世界大戦始まる】
1940, 5	ナチスがフランスに侵入したため，マイヤーホッフ夫妻と息子のウォーターはパリからマルセイユ（南フランス）へ逃げた．
6	フランスが降伏．
10	マイヤーホッフ夫妻はリスボン経由でアメリカへ向かった．息子のウォーターはフランスに残った． フランス脱出にあたっては，国際救助委員会の前身である緊急救援委員会のヴァリアン・フライ（アメリカ人）の世話になった． 出国ビザの取得についてはフランス人ジャン・ロッシュが世話をした． アメリカでマイヤーホッフのために世話をしたのは長年の友人である A. V. ヒルであった．ヒルは当時ペンシルバニア大学教授で，アメリカ科学アカデミー議長をしていたリチャード教授に相談した．リチャード教授はペン大の生理化学教室にマイヤーホッフのために教授の席を新たに作った． フィラデルフィアに着くとマイヤーホッフは早速研究を再開した（60才）．若い能力のある研究者が集まった．この時期，コペンハーゲンからアメリカのニューヨークに行ったといわれているリップマンも彼の研究室に籍をおいて研究していたらしい． 著者が，昔のマイヤーホッフの研究室といわれる場所を訪

問したところ，そこはきれいに塗り変えられていて，数人の若い男女学生がいたが，誰もここが以前有名なマイヤーホッフ研究室だったとは知らなかった．秘書をしている年輩の女性に小生の来た理由を告げると，それなら昔のものが残っていると言って，大きなダンボール箱を2個ほど出してみせてくれた．その中にリップマンの実験ノートが数冊残されていて，反応液の組成や結果が細かく書き込まれていた．この時期のマイヤーホッフの仕事は，酵母の無細胞抽出液に中間体の果糖2リン酸が蓄積することを発見して，生化学者の興味を引いた．筆者もこのシステムを使って研究をしたことがある．

1944年のニューヨーク科学アカデミーの会議で生化学における熱力学とエネルギー論の重要性に就いて，マイヤーホッフは素晴らしい講演をした．これはマイヤーホッフの好みのテーマで，筋肉科学でのエネルギー関係の仕事を総括したものであった．しかし，この年の夏，彼は深刻な心臓発作に襲われて10カ月入院している．退院後も熱心に研究を続け，亡くなるまでの10年間に約50編の論文を発表している（彼の生涯で発表された全論文数は440編である）．

1945, 1, 27	アウシュヴィッツ収容所がソ連軍により開放された．
4, 30	午前3時半：ヒトラー自殺．
1950, 5, 8	カイザー・ヴィルヘルム研究所が活動再開．
1951, 10, 6	**オットー・マイヤーホッフ死去．** 二度目の心臓発作は，就眠中に起こり，彼はそのまま帰らぬ人となった．マイヤーホッフがアメリカへ来たのが1940年で，死んだのが1951年なので，大体，晩年の10年間をアメリカで過ごしたことになる． マイヤーホッフは学会やシンポジウムにはほとんど参加しなかった．これはワールブルグとその弟子クレブスなども同じで，自分達は最先端の仕事をしているのだから，それに打ち込むのが一番良いという考えであった．
1953	カイザー・ヴィルヘルム研究所はマックス・プランク研究所と改称された
1972, 3	マックス・プランク細胞生理学研究所（以前のカイザー・ヴィルヘルム細胞生理学研究所）を閉鎖して，その建物を

図書室ならびにマックス・プランク協会の歴史資料室として用いることが決定された．そのため研究所は改築され，「オットー・ワールブルグ館」と命名された．

索引（事項、人名）

木村　光（きむら　あきら）

京都大学名誉教授

1936 年京都市生まれ。京都大学農学部農芸化学科（発酵）卒業。塩野義製薬研究所勤務ののち，京都大学農学部助教授，同大食糧科学研究所教授を歴任。国際誌（*Appl. Microviol. Biotech.*）編集委員（1984 〜），大学初の研究ベンチャー設立（グリーンバイオ代表取締役）など，活動は多岐にわたる。1999 年紫綬褒章受章，米国工業微生物学会チャールス・トム賞受賞，2011 年叙勲（瑞宝中綬章）受章。

〈研究〉抗生物質／リポアミノ酸／酵母の遺伝子導入法の開発（論文の被引用回数が 7,010 回（2019 年 10 月 8 日現在）（400 回以上は古典的論文））

〈主な著書〉『食品微生物学』培風館，1988 年

発酵学の革命
——マイヤーホッフと酒の旅

学術選書 091

2020 年 7 月 1 日　初版第 1 刷発行

著　　　者…………木村　光

発　行　人…………末原　達郎

発　行　所…………京都大学学術出版会
　　　　　　　　　　京都市左京区吉田近衛町 69
　　　　　　　　　　京都大学吉田南構内（〒 606-8315）
　　　　　　　　　　電話（075）761-6182
　　　　　　　　　　FAX（075）761-6190
　　　　　　　　　　振替 01000-8-64677
　　　　　　　　　　URL http://www.kyoto-up.or.jp

印刷・製本…………㈱太洋社

装　　　幀…………鷺草デザイン事務所

ISBN 978-4-8140-0289-4　　　Ⓒ Akira KIMURA 2020
定価はカバーに表示してあります　　　Printed in Japan